機械工学エッセンス
4

熱力学

山下 博史 著

培風館

本書の無断複写は，著作権法上での例外を除き，禁じられています。
本書を複写される場合は，その都度当社の許諾を得てください。

はしがき

　本書では，工学への応用を念頭に，すべての物理現象の巨視的な理解の基礎となる現象論的な古典熱力学の考え方を説明する．特に，熱力学の理論構成に必要な概念とその直接的な適用に注目し，熱平衡，熱力学第1法則および熱力学第2法則について説明する．その際，温度，内部エネルギー，熱およびエントロピーという重要な熱力学的概念を導入する．さらに，各種熱力学関係式を与え，自由エネルギーの概念を導入し，熱力学的系の平衡条件や相変化・化学反応に関する初等的知識についても説明する．また，簡単な気体分子運動論を用いて，マクロな概念のミクロな物理的意味について説明する．

　このように，温度，熱，エネルギーなどの熱力学的な量は前提とせず，幾何学的，運動学的および力学的な物理量のみを前提として，マクロな立場で現象論的・経験的に確立された原理に基づいて熱力学的な物理的概念を導入する．このような考え方に，読者は最初戸惑われるかもしれないが，結局は熱力学の本質をより深く理解することができるようになると信じている．

　本書では，本文の記述をすっきりさせるために，式の詳細な誘導や具体的な例示は演習として本文とは切り離した．また，図面は，たとえ見難くなっても，著者が自らパソコンで作成し，できるだけ定量的に正確なものとしている．

　本書を執筆するに当っては，下記のほか多くの参考書，文献，資料等を参考にさせていただきました．ここに心からの謝意を表します．特に，参考書1)～3)は大学における講義で数年に渡って利用しています．参考書4)は著者がまだ若い頃に熱力学の本質を学んだものです．これらの参考書における記述は本

書の至るところで引用させていただきました．熱物性値のデータ等は主に参考書 9) から引用しています．また，原稿作成の段階で多くのご指摘をいただいた同僚や友人の方々などの皆様にお礼申し上げます．

参考書

1) 熱力学および統計物理入門 (上)，(下) 第 2 版，キャレン著，小田垣孝訳，吉岡書店，1978．
2) 熱学 (基礎物理学 2)，小出昭一郎，東京大学出版会，1980．
3) 熱力学，三宅哲，裳華房，1989．
4) 熱力学・統計力学，原島鮮，培風館，1978．
5) 熱力学の基礎，清水明，東京大学出版会，2007．
6) 統計熱力学，池田和義，共立出版，1975．
7) 熱学・統計力学 久保亮五ほか，裳華房，1961．
8) 熱学思想の史的展開，山本義隆，ちくま学術文庫，筑摩書房，2008．
9) 理科年表，国立天文台，丸善，2009．

最後に，著者を辛抱強く励まし，校正その他で大変お世話になった培風館の松本和宣氏に心より感謝したい．

2013 年 12 月

山下 博史

目　次

序章　熱力学の普遍性とその歴史

1章　熱平衡と「温度」の導入
　1.1　熱的現象とその定量化 ………………………………………… 5
　1.2　熱平衡と温度の導入 …………………………………………… 6
　1.3　非平衡状態と準安定平衡状態 ………………………………… 6
　1.4　温度計と温度目盛 ……………………………………………… 7
　1.5　状　態　量 ……………………………………………………… 10
　1.6　数学的準備 ……………………………………………………… 11
　1.7　単位系と次元 …………………………………………………… 17
　問題 1 ………………………………………………………………… 20

2章　状態方程式
　2.1　理想気体温度計による温度目盛 ……………………………… 21
　2.2　理想気体の状態方程式 ………………………………………… 22
　2.3　一般的な状態方程式 …………………………………………… 29
　問題 2 ………………………………………………………………… 34

3章　熱力学第1法則と「内部エネルギー」および「熱」の導入
　3.1　エネルギー保存原理の拡張 …………………………………… 35
　3.2　ジュールの実験と内部エネルギーの導入 …………………… 36

- 3.3 熱力学第1法則と熱の導入 37
- 3.4 内部エネルギーに関する気体分子運動論 40
- 3.5 準静的過程による熱力学第1法則の定式化 53
- 3.6 開いた系に対する熱力学第1法則 55
- 3.7 気体の断熱自由膨張と内部エネルギーの体積依存性 60
- 3.8 熱容量と熱容量を用いた熱力学第1法則の表現 62
- 3.9 理想気体における比熱 63
- 3.10 理想気体の状態変化 63
- 問題3 70

4章 熱力学第2法則と「エントロピー」の導入

- 4.1 熱機関 71
- 4.2 一般的なカルノーサイクルの実現 73
- 4.3 トムソンの原理とクラウジウスの原理 75
- 4.4 不可逆過程と可逆過程 77
- 4.5 理想気体を用いたカルノーサイクルによる関係式の誘導 79
- 4.6 クラウジウスの不等式とエントロピーの導入 80
- 4.7 カルノーサイクルの熱効率 88
- 4.8 熱力学温度の定義 96
- 4.9 孤立系におけるエントロピー増大の原理 97
- 4.10 不可逆過程の代表例 99
- 4.11 エネルギー最小の原理 102
- 4.12 エントロピーの統計力学的な意味 105
- 4.13 熱力学第3法則（ネルンストの定理） 106
- 問題4 108

5章 熱機関および冷凍機・ヒートポンプのサイクル

- 5.1 作動流体と熱源の温度 109
- 5.2 熱機関の実用的なサイクル 109
- 5.3 冷凍機・ヒートポンプのサイクル 118
- 問題5 119

目　次　　v

6章　熱力学関数
- 6.1　熱力学恒等式の導出 ……………………………………… 120
- 6.2　ルジャンドル変換による熱力学関数の導入 …………… 121
- 6.3　マクスウェルの関係式 ……………………………………… 124
- 6.4　内部エネルギーの解釈とエネルギーの方程式 ………… 125
- 6.5　各種エネルギーと有効仕事 ……………………………… 127
- 6.6　エクセルギー ………………………………………………… 128
- 6.7　系の粒子数が変化する系 ………………………………… 130
- 6.8　気体以外の物質への熱力学の応用 ……………………… 138
- 問題 6 …………………………………………………………… 141

7章　熱力学的系の平衡状態の安定性
- 7.1　熱力学的系の変化の進む方向と平衡条件 ……………… 142
- 7.2　熱力学不等式 ………………………………………………… 147
- 7.3　熱力学的系の平衡状態の安定性とル・シャトリェの原理 … 150
- 問題 7 …………………………………………………………… 152

8章　相転移と相平衡
- 8.1　相　転　移 …………………………………………………… 153
- 8.2　相平衡条件 …………………………………………………… 155
- 8.3　共存曲線と三重点 …………………………………………… 155
- 8.4　ファン・デル・ワールス気体の相変化 ………………… 158
- 8.5　クラペイロン–クラウジウスの式 ………………………… 161
- 8.6　ギブズの相律 ………………………………………………… 164
- 8.7　混合のエントロピー ………………………………………… 166
- 問題 8 …………………………………………………………… 168

9章　化学反応と化学平衡
- 9.1　総括反応と素反応 …………………………………………… 169
- 9.2　実在気体の熱力学定数 ……………………………………… 170
- 9.3　反応動力学 …………………………………………………… 172

9.4 化学反応の平衡条件 ………………………………………… 176
9.5 化学反応の圧力および温度依存性 ……………………… 178
問題 9 ……………………………………………………………… 181

10 章　不可逆過程の熱力学

10.1 局所平衡の仮定 …………………………………………… 182
10.2 不可逆過程の熱力学 ……………………………………… 183
10.3 燃焼工学 …………………………………………………… 183
問題 10 …………………………………………………………… 186

索　引 ……………………………………………………………… 187

序章 熱力学の普遍性とその歴史

(1) 熱力学の普遍性

　熱力学は，マクロの世界を支配している自然法則を現象論的に理解する古典物理学である3本の柱「力学（連続体力学：流体力学，固体力学），電磁気学，熱力学」のひとつである．なかでも熱力学は大きな普遍性を有しており，ミクロな世界に対する近似やモデル化をせずに，マクロな観点から現象論的に確立された原理に基づいて，厳密で普遍性のある理論体系を組み立てている．説明のために考察する系を理想化・単純化するが，一般性を損なうことはなく，複雑な力学的，電気的，熱的性質をもつ系に拡張あるいは結合が可能である．

　巨視的物質は莫大な数の原子核と電子の集合体であり，この状態を原子的なレベルで完全に数学的に記述するためには，原子核・電子に対する $10^{24} \sim 10^{25}$ の座標の指定が必要である．これに対し，巨視的なレベルで記述するには，数個の変数の指定で物質の区別が可能であり，変数の大幅な削減ができる．

　キャレンによると，巨視的なレベルの記述では，巨視的観測が原子の運動に比べて十分ゆっくりと行われ平均しか見えないため，極度の単純化が可能である．たとえば，人間の感知できる空間および時間スケールは 0.1 mm および 0.1 s 程度であるが，原子運動の空間および時間スケールは 100 nm および 10^{-10} s 程度である．したがって，空間的および時間的に 10^9 倍に統計平均したものが巨視的には観測されることになる．このように統計平均されることにより膨大な原子座標は数式から消去され，膨大な数の原子座標のなかで，ユニークな対称性をもったごく少数の座標のみが生き残って，巨視的に観測される．このうち，力学的性格（体積，変形，弾性ひずみ）は「力学」の対象となり，電磁気的

性格（電気・磁気双極子・多極子モーメント）は電磁気学の対象となる．そして，消え去った膨大な数の原子座標が巨視的レベルで発現する効果が熱力学の対象となる．特に，気体のような場合，原子や分子などの粒子は，ミクロに見るとそれぞれの粒子が非常に高速度でランダムに空間を飛び交っているが，全体としてマクロに見ると平均的にはかなり小さな速度で一定の方向性を持った運動をしている．このマクロに見て一定の方向性を持った運動を取り扱うのが力学（流体力学）であり，ミクロに見てランダムな運動がマクロに現れる現象を取り扱うのが熱力学であるということができる．さらに，電荷を有した粒子の運動を取り扱うのが電磁気学である．

古典物理学としての熱力学で得られた一般的概念は，物質の根源であるミクロな世界からマクロな現象を理解する現代物理学としての**分子運動論**や**統計力学**によって裏付けられ，あるいは支えられてきた．また，力学が幾何学や運動学的概念に立脚して理論が展開されているのと同様に，熱力学は幾何学と力学的概念に立脚して熱現象を表すのに必要な概念を導入して，理論体系が組み立てられている．

近年，地球温暖化等による地球環境問題が叫ばれ，熱力学に基づいて発展してきた熱機関がその起因の一つであるとされている．しかしながら，この地球環境問題の本質を考え，その解決の糸口を探るのも，熱力学の重要な役割である．地球環境問題の解決には，エネルギーについて正しく理解し，地球規模で，現在だけでなく遠い未来を見据えて考えることが必要である．

現在でも，エネルギー源の 80 % は化石燃料からの燃焼熱による高温・高圧ガスが利用されており，化石燃料の枯渇が大きな問題となっている．可逆的な熱機関では，熱源も含めてエントロピーは増大しない．貴重な高温の「質の高いエネルギー源」を有効に力学的な仕事に変換し，人類の文明的な活動に利用しているといえる．しかしながら，このようにして得られた力学的な仕事もいずれは熱として散逸し，低温熱源に捨てられてしまう．すなわち，人類の文明活動がある限り，地球全体のエントロピーは増大し，これを宇宙に放出しているが，限界がある．持続可能な地球のためには，発展から抑制へ少しは向く必要があると思われる．

(2) 熱力学と熱機関の歴史

熱力学の歴史は，熱とは何かという物理から始まって，熱を利用して動力を得るという熱機関の発展の歴史へ引き継がれた．

熱の本性については，古くはアリストテレスの4元素説（B.C.350年頃）において，「地上の万物は，4つの元素 |土・水・空気・火| から成り，4つの質 |湿と乾，熱と冷| の2つずつが組合わさって付加されている」という言明に現れている．18世紀に入ると，燃焼の説明に使われていた燃素説を踏まえて，「熱」を物質と考える**熱素説**が唱えられ，物体の温度は，物質「熱素 calorique」を受ければ上昇し，失えば下降するとされた．この熱素説の下で，H. Boerhaave（1732年）により熱容量の概念が示唆され，A.L. Lavoisier（1780年）により熱容量の定量的な測定も行われ，J.B.J. Fourier（1822年）により熱伝導論が確立された．また，J. Black（1760年）により潜熱の概念が導入され，熱と温度の概念を分離することもなされ，「温度」の定量化のための温度計も考案された．19世紀になると，近代原子論が確立され，J. Dalton（1808年）やA. Avogadro（1811年）により原子量・分子量の概念，混合気体の法則，アボガドロの法則が発見された．これに伴い，熱の本性についてミクロな粒子による運動論が唱えられ始め，R. Descartes, R. Boyle, R. Hooke, I. Newton, D. Bernoulli, M.V. Lomonosov らによる多くの先駆的な考察を踏まえ，B. Thompson（G von Rumford）（1798年）による大砲の中ぐり作業における摩擦熱に関する実験や，J.C. Maxwell（1860年），L. Boltzmann（1866年），J.W. Gibbs（1902年）らによる熱現象の確率論・統計力学的解釈がなされ，熱の本性に対する考えが確立された．

このような熱の運動論が一般的に受容されるためには，熱と運動を関連付け，両者の相互移行を量的に捉えたエネルギー保存則（熱力学第1法則）の確立が必要であった．このエネルギー保存則については，G.W. Leibnitz（1693年）による力学的エネルギーの保存（質点の運動エネルギーと位置エネルギー）から始まり，種々のエネルギーの転化過程（電池における電気と化学親和力，電磁気における電流・磁気・運動，ゼーベック・ペルチエ効果における電流と熱）の発見や，電磁場のクーロン相互作用エネルギー，相対論的静止エネルギー（A. Einstein, 1905年），ニュートリノに関するエネルギー（1930年代）などの発見により，保存原理は何度も「新しい種類のエネルギー」の追加によって変化

をくり返し，適用範囲を拡張された．熱的現象については，J.R. Mayer（1842年）による動物の活動と体熱の発生の研究，J.P. Joule（1847年）によるジュールの実験や，蒸気機関の発達における熱と仕事の概念の確立により，熱現象を含むエネルギー保存則が展開された．このようにして，自然哲学における包括的思想としての統一原理の探究が目指されてきた．

　一方，熱機関の発達に関しては，古くは，火の利用から始まり，Newcomen（1700年），J. Watt（1765年）らにより蒸気機関の発明と改良がなされた．この発見はそれ以前の技術的発明（望遠鏡，ポンプ）とは異なり，動力を発生する点で画期的であったが，熱機関の性能に関する理論を確立することが目指され，N.L.S. Carnot（1824年）によるカルノーサイクルの提案とカルノーの原理の発見があった．この発見を踏まえ，W. Thomson（Lord Kelvin）（1851年）や R. Clausius（1854年）らにより熱力学第2法則が確立された．

　また，気体の熱力学的性質の解明についても長い歴史があり，G. Galilei（1638年），E. Torricelli（1643年），B. Pascal（1648年）らによる真空状態や大気圧の発見を踏まえて，R. Boyle（1662年），J.A.C. Charles（1787年）らにより理想気体の状態方程式が確立された．その後，実在気体では理想気体の状態方程式からずれがあること，永久気体も液化することが発見され，J.D. van der Waals（1873年）により実在気体の状態方程式が確立された．特に，気体の膨張は，長い間，分子間に働く斥力が原因であるとされていたが，ミクロな分子運動によりエントロピーが増大する方向に状態変化が起こることが原因であることが理解されるようになった．

　これらの熱力学の歴史については参考書［山本］を参照されたい．

1章 熱平衡と「温度」の導入

　　熱力学で熱的現象を定量的に取り扱うために，熱平衡という考え方を用い，まず「**温度**」を導入し，温度計と温度目盛について説明する．次に，熱平衡状態を規定する状態量という概念，熱平衡に対応して非平衡状態および準安定平衡状態について解説する．さらに，熱力学で表れる種々の概念を理解するための数学的な準備と単位系についても説明する．

1.1 熱的現象とその定量化

　「熱」という言葉は，日常生活では，台所でやかんを用いてお湯を沸かし，冷たい水が「熱い」水になったり，また，ノートパソコンで宿題の解答を作成していると，本体がかなり「加熱」されたり，さらに，子供が風邪をひいて，体温計で計ったら38度の「熱」があった，などのように使われている．これらの熱的現象をよく考えてみると，いずれも，ある**体系**（やかんの水，ノートパソコン，子供の体）が，ある外部からの物理化学作用による発熱（ガスコンロによる燃料の化学反応による発熱，電気によるジュール熱，インフルエンザウイルスによる体内での炎症による発熱）によって，系が「冷たい」状態から「温かい」状態に変化したということができる．

　したがって，このような熱的現象を定量的に扱うためには，まず，系の「冷温」の状態を定義し，これを計る「ものさし」を用意する必要がある．そして，系に対してそれらの状態の間を変化させるのに必要な作用の大きさについての法則を見出さなければならない．また，このような作用としてどのようなものが考えられるかについて考察する必要がある．

1.2 熱平衡と温度の導入

 系の冷温の状態を定義するために，まず熱平衡という概念を導入する．これは，他からは孤立した，熱的に異なる状態にある 2 つの系を接触させると，十分時間が経過した後，2 つの系は同じ状態になり，これ以上何も変化が起こらなくなるという経験的事実に基づくものであり，このような状態を**熱平衡状態**といい，系が熱平衡状態に到達することを**熱平衡**になったという．

 さらに，熱平衡については，**熱力学第 0 法則**とよばれる次のような経験的事実がある．すなわち，系 A と B，A と C がそれぞれ熱平衡にあるならば，B と C も熱平衡にある．この法則により系の状態が分類できることになる．すなわち，熱平衡状態にある系同士は同じクラスに属し，熱平衡状態にない系は異なるクラスに属することになる．このようにしてクラス分けされた熱平衡状態を特徴付ける物理量を**温度**とよぶ．このようにして導入された温度は，従来の温度という概念が有する性質と矛盾していない．

 なお，熱的な平衡だけでなく，仕事，熱および物質のやり取りが生じる系において，力学的および化学的な平衡も含めて考える場合には**熱力学的平衡**とよぶことにする．

1.3 非平衡状態と準安定平衡状態

 実際には，系には大きさがあり，2 つの系が接触しているところで，「伝熱」という現象が生じ，「熱」が「温かい」系から「冷たい」系に移動する．この「熱」は各系の接触しているところから系の残りの部分に伝わり，系全体で同じ状態に達する．初等的な熱力学では，異なる状態の系は考えるが，各系は一様な状態になっていると考える．系の各部分で異なる状態を考える必要がある場合には，**局所平衡**の概念を導入しなければならない．

 一般的に，孤立した系は，自然に格別に単純な最終状態としての熱力学的平衡状態に向かうことが経験的事実として知られている．たとえば，初期に外力を受けて系の各部分が異なる速度で激しく乱れた運動をしていた流体は，孤立して外界からの作用がなくなると，粘性の効果により，しだいに各部分の速度差が小さくなり乱れが減衰するとともに，全体として静止状態となる．この静止状態が熱力学的平衡状態と考えられる．また，拡散現象（不均一な濃度分布

の均一化），塑性変形現象（不均一な内部ひずみの開放）も同様である．

　また，絶対的な真の熱平衡状態にある系は滅多に存在せず，多くの系は**準安定平衡状態**であることが知られている．真の熱平衡状態は，すべての放射性物質が崩壊しつくし，すべての核反応，またすべての化学反応も終了している必要があり，このときすべての物質は鉄になってしまう．しかしながらこのような崩壊は宇宙の年齢ほどの時間がかかる．また，温度 300 K ではメタン-空気予混合気が燃焼するには宇宙の年齢ほどの時間がかかる．したがって，系の性質が熱力学の理論と矛盾しないならば，その系は実質的に熱平衡状態にあるとみなされる．

1.4　温度計と温度目盛

　熱平衡状態を特徴付ける量として温度が導入されたが，この温度を定量化するための「ものさし」としての**温度計**を用意し，測定可能とする必要がある．この温度計としてはアルコールや水銀などを用い，幾何学的概念であるその体積変化を用いて**温度目盛**を与え，系の冷温の状態を定量的に観測することになる．

　しかしながら，これらの経験的な温度目盛による温度計では，温度目盛が用いた物質に依存し，また単調に状態が変化しなかったり，変化の仕方が温度範囲によって異なったりすることがわかっている．このような簡便な温度計による温度目盛の基準となる，普遍的な特性を有する温度計による温度目盛が必要である．この普遍的な温度計として**理想気体温度計**が考えられている．気体温度計は，実在気体が封入された測温部を測定対象物に接触させ，測温部の体積を一定に保つように工夫し，測温部の気体が示す圧力を計測するものである．この封入気体の封入圧力を真空側に外挿することにより封入気体の種類に依存しない温度計が実現でき，これを理想気体温度計とよんでいる．この場合，温度は次式によって求められる．

$$T = \lim_{P_0 \to 0} \left\{ 273.16 \times \frac{P}{P_0} \right\} \quad (1.1)$$

ここで，P は測定圧力，P_0 は水の三重点温度（氷，水，水蒸気の 3 相が熱平衡にある状態の温度）と平衡になっているときの気体温度計内の圧力である．

　より一般的には，理想気体温度計では，ボイルの法則，すなわち，圧力 P と

体積 V の積は温度のみの関数になるという性質を利用して温度 t を目盛る．

$$PV = f(t) \tag{1.2}$$

ここで，この関数形を温度に比例するとして与えた場合，すなわち，PV そのものに比例して温度を目盛った場合，この温度を**理想気体**による**絶対温度** T とよぶ．すなわち，

$$PV = aT \tag{1.3}$$

と定義される．この比例定数 a の値は，**1 定点法**を用いて，水の**三重点温度**を 273.16 とすることにより決定される．すなわち，

$$a = \frac{(PV)_{\text{水の三重点}}}{273.16} \quad \therefore \quad PV = \frac{(PV)_{\text{水の三重点}}}{273.16} T \tag{1.4}$$

従来は温度目盛を数値化するために，物質の温度によって異なる 2 つの目視できる状態や性質を利用する **2 定点法**が用いられていた．ただし，この温度計では実在気体の最低液化温度までの範囲でしか測定できない．

理論的な温度目盛としてケルビンが定義した**熱力学温度**がある．これは任意の 2 つの系の温度の比は直接，かつ正確に測定可能であり，したがって，ある基準系を選びその温度を指定すれば，他のすべての系の温度は一意的に決定されるというものであり，前述の理想気体による絶対温度目盛は，この理論的な温度目盛である熱力学温度と一致することがわかっている．

実際には，熱力学温度目盛を実験室で再現することは困難であり，国際度量衡委員会は，実現しやすい**温度定点**をいくつか指定し，その間を補間する実験式を定めている．現在は 1990 年国際温度目盛 T_{90}，ITS-90 が定められている．極低温領域 0.65〜5.0 K では，ヘリウム ^{3}He および ^{4}He の蒸気圧と温度の関係式で定められている．また，3.0〜24.56 K では，ヘリウムの蒸気圧点，水素およびネオンの三重点を定義定点として定積気体温度計で補間している．温度領域 13.80〜961.78 K では，白金抵抗体温度計が用いられている．高温領域 961.78 K 以上では，銀の凝固点，金の凝固点または銅の凝固点を定義定点として黒体の分光放射密度を用いて補外されている．

極・超低温度領域は革新的な技術・概念が誕生する宝庫であり，バイオ・医療，ナノテクなどの応用分野に利用されるという側面もあり，広い分野にわたる最先端の研究・開発が精力的に行われるようになっている．このため，2000

1.4 温度計と温度目盛

年には 0.65 K 以下の超低温領域をカバーする温度目盛 PLTS2000 が国際度量衡委員会で採択されている．

【演習 1.1】 2 定点法による温度目盛

従来は，理想気体温度計の温度目盛に 2 定点法を用い，1 気圧下での氷と水の混合物の温度（氷点）を 0.00 ℃，沸騰する水の温度（沸点）を 100.00 ℃ とし，これを**セルシウス温度** t とした．このセルシウス温度と理想気体による絶対温度 T の関係を求めよ．ITS-90 がによると水の沸点は定義定点ではなくなったので，この課題はもはや古くなり，歴史的意義しかない．

〔解答〕

2 定点法では，理想気体の状態方程式を

$$PV = at + b$$

とおき，氷点での体積を V_0，沸点での体積を V_{100} とおく．このとき，

$$1 \times V_0 = a \times 0 + b, \quad 1 \times V_{100} = a \times 100 + b$$

$$\therefore \quad a = \frac{V_{100} - V_0}{100}, \quad b = V_0$$

となる．したがって，

$$PV = \frac{V_{100} - V_0}{100} t + V_0 = \frac{V_{100} - V_0}{100} \left(t + \frac{100 \, V_0}{V_{100} - V_0} \right)$$

一方，1 定点法の式 (1.4)

$$PV = \frac{(PV)_{\text{水の三重点}}}{273.16} T$$

より，1 気圧下では氷点は 273.15 K，沸点は 373.15 K であるので，

$$V_0 = \frac{(PV)_{\text{水の三重点}}}{273.16} \times \frac{273.15}{1},$$

$$V_{100} = \frac{(PV)_{\text{水の三重点}}}{273.16} \times \frac{373.15}{1}$$

となり，2 定点法の式に代入して整理すると，

$$PV = \frac{(PV)_{\text{水の三重点}}}{273.16} (t + 273.15)$$

よって，式 (1.4) と比較して，

$$T = t + 273.15$$

∎

1.5 状態量

　系の状態を表す物理量を**状態量**（**状態変数**）とよぶ．状態量はその状態によって決まった値となり，その状態に到った変化の過程には依存しない．このような状態量には，① 幾何学的な量として**体積**，表面積，長さ，② 運動学的な量として速度，加速度，運動エネルギー，③ 力学的な量として**圧力**，表面張力，位置エネルギー，④ 物質量として質量，モル数があり，前節では ⑤ 熱力学的な量として温度が導入された．

　今後，この熱力学的な状態量として，内部エネルギー，エントロピー，エンタルピーなどが順次導入される．なお，前述の「子供が風邪をひいて熱がある」という言い方は本当は正しくなく，系の状態を表す物理量は温度であるので，「子供の温度が高い」というべきである．

　状態変化を考える際に，基準となる状態を**標準状態**とよび，通常は圧力 1 気圧（101.325 kPa），温度 0 °C の状態と定義されている．

　なお，速度も状態量と考えているが，系内で速度に空間分布があると，速度勾配に応じた力が作用し粘性散逸が生じるので，系内で速度は一様となる場合に限られる．例えば，ピストン・シリンダーからなるエンジンを積んだ自動車が高速で移動しているような場合には，エンジン内の気体分子の平均速度を 0 として熱機関サイクルの解析を行い，その上で，自動車全体の運動を考える場合には，エンジン全体の速度を考慮した力学解析を行うことになる．

　本書の主眼とする気体のような物体は**単純系**とよばれ，熱力学的な量以外の状態量としては質量（モル数），体積および圧力のみを考えればよい．ここで，単純系とは，巨視的に均質・等方的であり，電気的に中性かつ化学的に不活性，さらに十分大きくて表面の効果が無視でき，電場，磁場，重力場の作用を受けていない系と定義されている．

　状態量は，系の物質量の大小に依存するかしないかによって**示量変数**と**示強変数**に分類される．

【演習 1.2】 示量変数および示強変数の例

　示量変数および示強変数の例を示せ．
〔解答〕
　示量変数としては，物質量そのものである質量やモル数のほかに，体積，内部エ

ネルギー，エントロピーなどがある．示強変数としては，圧力，温度などがある．なお，どちらでもない量もある．∎

示量変数は物質量そのものや他の示量変数で除することにより，単位質量・モル数あるいは単位体積あたりの量となり，これらは示強変数となる．この単位質量・モル数あたりの量はたとえば比体積，比エントロピー，モル比熱のように比・モルを付けて表す．物質の性質を表すためには，物質量によらない示強変数を用いるほうが便利であり，後出の圧縮率，体膨張率や状態方程式はそのような形式になっている．

示量変数は大文字，単位物質量あたりの量は小文字，示強変数は常に大文字で表示することとする．ただし，例外として示強変数である化学ポテンシャルについては，慣例に従い小文字の μ を用いる．

合成系における値が各部分系の値の和として与えられるので，巨視的変数の示量的性質を表す示量変数は，熱力学理論で重要な役割を演じる．

1.6 数学的準備

前述のように，熱力学では系の状態を表す物理量である多数の状態量があり，ある一つの状態量は他の複数の状態量の関数になっている．また，状態量はその状態によって決まった値となり，その状態に到った変化の過程には依存しない．

このような状態量について数学的手法により種々の関係式を導く必要があるが，これに関連した数学的な準備を行っておこう．なお，ここではあまり数学的な厳密性にはこだわらないことにする．

1.6.1 完全微分（全微分）

熱力学では，理想気体の状態方程式 $PV = nRT$ のように3つの変数の間の関係式を扱う．そのため多変数関数の取り扱いが重要である．ここでは，次式のように，独立変数が2個の場合について考える．

$$f(X, Y, Z) = 0 \quad \text{あるいは} \quad Z = Z(X, Y) \tag{1.5}$$

テーラー展開は次式のように，一次の項，二次の項，… の和で表される．

$$\delta Z = \delta_1 Z + \delta_2 Z + \cdots$$

$$\delta_1 Z = \left(\frac{\partial Z}{\partial X}\right)_Y \delta X + \left(\frac{\partial Z}{\partial Y}\right)_Z \delta Y$$

$$\delta_2 Z = \frac{1}{2}\left(\frac{\partial^2 Z}{\partial X^2}\right)(\delta X)^2 + \left(\frac{\partial^2 Z}{\partial X \partial Y}\right)\delta X \delta Y + \frac{1}{2}\left(\frac{\partial^2 Z}{\partial Y^2}\right)(\delta Y)^2$$

$$\cdots \tag{1.6}$$

ここで，$(\partial Z/\partial X)_Y$ は，Y を一定にして X を変えたときの微係数を意味する．

変化量 δ を 0 に近づけるとき，二次以上の項は無視できる．このとき，変化量 δ を d で表すと，

$$dZ = \left(\frac{\partial Z}{\partial X}\right)_Y dX + \left(\frac{\partial Z}{\partial Y}\right)_Z dY \tag{1.7}$$

一般的に，次式で表される一階微分形

$$f(X,Y)\,dX + g(X,Y)\,dY \tag{1.8}$$

は，下記の式を満足するような一価で微分可能なある関数 Z が存在するとき，またそのときに限って**完全**であるという．

$$f = \left(\frac{\partial Z}{\partial X}\right)_Y, \quad g = \left(\frac{\partial Z}{\partial Y}\right)_X \tag{1.9}$$

したがって，式 (1.7) は**完全微分**（**全微分**）である．なお，完全微分でない微分形は**不完全微分**とよばれる．

一階微分形が完全ならば，次式が成立する．また，逆に次式が成立すれば一階微分形は完全である．

$$\left(\frac{\partial f}{\partial Y}\right)_X = \left(\frac{\partial g}{\partial X}\right)_Y \tag{1.10}$$

空間領域 D において，次式で表される線積分は，積分記号の中にある微分形が完全なときに限って積分経路 C に依存しない．

$$\int_C \{f(X,Y)\,dX + g(X,Y)\,dY\} \tag{1.11}$$

さらに，線積分の値が D における任意の閉曲線について 0 のとき，またそのときに限って積分経路に依存しない．

1.6 数学的準備

【演習 1.3】 完全微分と不完全微分
次の微分形は完全か．また，完全な場合には対応する z を求めよ．
(1) $x\,dx + y\,dy$
(2) $(2xy^3)\,dx + (3x^2y^2)\,dy$
(3) $(x-y)\,dx + (xy)\,dy$

〔解答〕
式 (1.10) を用いて判別すればよい．

(1) $\left(\dfrac{\partial x}{\partial y}\right)_x = 0, \quad \left(\dfrac{\partial y}{\partial x}\right)_y = 0 \quad \therefore\ \text{完全}$

$\left(\dfrac{\partial z}{\partial x}\right)_y = x, \quad z = \dfrac{1}{2}x^2 + C(y),$

$\left(\dfrac{\partial z}{\partial y}\right)_x = \dfrac{dC}{dy} = y, \quad C(y) = \dfrac{1}{2}y^2 + D$

$z = \dfrac{1}{2}(x^2 + y^2) + D$

(2) $\left(\dfrac{\partial(2xy^3)}{\partial y}\right)_x = 6xy^2, \quad \left(\dfrac{\partial(3x^2y^2)}{\partial x}\right)_y = 6xy^2 \quad \therefore\ \text{完全}$

$\left(\dfrac{\partial z}{\partial x}\right)_y = 2xy^3, \quad z = x^2y^3 + C(y),$

$\left(\dfrac{\partial z}{\partial y}\right)_x = 3x^2y^2 + \dfrac{dC}{dy} = 3x^2y^2,$

$C(y) = D$

$z = x^2y^3 + D$

(3) $\left(\dfrac{\partial(x-y)}{\partial y}\right)_x = -1, \quad \left(\dfrac{\partial(xy)}{\partial x}\right)_y = y \quad \therefore\ \text{不完全}$ ∎

【演習 1.4】 理想気体の状態方程式の微分形
次式で表される理想気体の状態方程式の微分形を求めよ．また，この微分形は完全であることを示し，対応する Z を求めよ．

$$PV = nRT$$

〔解答〕

$dP = \left(\dfrac{\partial P}{\partial V}\right)_T dV + \left(\dfrac{\partial P}{\partial T}\right)_V dT = \dfrac{-nRT}{V^2}dV + \dfrac{nR}{V}dT$

$\left(\dfrac{\partial\left(\dfrac{-nRT}{V^2}\right)}{\partial T}\right)_V = \dfrac{-nR}{V^2}, \quad \left(\dfrac{\partial\left(\dfrac{nR}{V}\right)}{\partial V}\right)_T = \dfrac{-nR}{V^2} \quad \therefore\ \text{完全}$

$$P = \frac{nRT}{V} + C(T), \quad \left(\frac{\partial P}{\partial T}\right)_V = \frac{nR}{V} + \frac{dC}{dT} = \frac{nR}{V}, \quad C(T) = D$$

$$P = \frac{nRT}{V} + D$$

∎

1.6.2 偏微分公式

1階の偏微分係数については,以下のような公式が得られている.

$$\left(\frac{\partial X}{\partial Y}\right)_Z = \frac{1}{\left(\frac{\partial Y}{\partial X}\right)_Z} = \frac{\left(\frac{\partial X}{\partial W}\right)_Z}{\left(\frac{\partial Y}{\partial W}\right)_Z} = -\frac{\left(\frac{\partial Z}{\partial Y}\right)_X}{\left(\frac{\partial Z}{\partial X}\right)_Y} \quad (1.12)$$

合成関数に関して,次の公式が得られる.

$$\left(\frac{\partial T}{\partial X}\right)_V = \left(\frac{\partial T}{\partial X}\right)_Y + \left(\frac{\partial T}{\partial Y}\right)_X \left(\frac{\partial Y}{\partial X}\right)_V$$
$$\left(\frac{\partial T}{\partial V}\right)_X = \left(\frac{\partial T}{\partial Y}\right)_X \left(\frac{\partial Y}{\partial V}\right)_X \quad (1.13)$$

なお,式 (1.12) の第 2 式と式 (1.13) の第 2 式は同等である.

また,2 階の偏微分係数については,その値は微分の順序によらないので,次式が成立する.

$$\frac{\partial^2 Z}{\partial X \partial Y} = \frac{\partial^2 Z}{\partial Y \partial X} \quad (1.14)$$

これらの公式の誘導は以下の演習で順次示される.

【演習 1.5】 合成関数の公式

合成関数に関する公式 (1.13) を誘導せよ.

〔解答〕

合成関数については,以下の公式が成立することが知られている.
$T = T(X, Y, Z) = T(U, V); \quad X = X(U, V), \, Y = Y(U, V), \, Z = (U, V)$ の場合

$$dT = \left(\frac{\partial T}{\partial X}\right)_{Y,Z} dX + \left(\frac{\partial T}{\partial Y}\right)_{Z,X} dY + \left(\frac{\partial T}{\partial Z}\right)_{X,Y} dZ$$
$$= \left(\frac{\partial T}{\partial U}\right)_V dU + \left(\frac{\partial T}{\partial V}\right)_U dV$$

1.6 数学的準備

$$\left(\frac{\partial T}{\partial U}\right)_V = \left(\frac{\partial T}{\partial X}\right)_{Y,Z}\left(\frac{\partial X}{\partial U}\right)_V + \left(\frac{\partial T}{\partial Y}\right)_{Z,X}\left(\frac{\partial Y}{\partial U}\right)_V + \left(\frac{\partial T}{\partial Z}\right)_{X,Y}\left(\frac{\partial Z}{\partial U}\right)_V$$

$$\left(\frac{\partial T}{\partial V}\right)_U = \left(\frac{\partial T}{\partial X}\right)_{Y,Z}\left(\frac{\partial X}{\partial V}\right)_U + \left(\frac{\partial T}{\partial Y}\right)_{Z,X}\left(\frac{\partial Y}{\partial V}\right)_U + \left(\frac{\partial T}{\partial Z}\right)_{X,Y}\left(\frac{\partial Z}{\partial V}\right)_U$$

また,

$$T = T(X, Y) = T(U, V);\quad X = X(U, V),\ Y = Y(U, V)\ \text{の場合}$$

$$\left(\frac{\partial T}{\partial U}\right)_V = \left(\frac{\partial T}{\partial X}\right)_Y\left(\frac{\partial X}{\partial U}\right)_V + \left(\frac{\partial T}{\partial Y}\right)_X\left(\frac{\partial Y}{\partial U}\right)_V$$

$$\left(\frac{\partial T}{\partial V}\right)_U = \left(\frac{\partial T}{\partial X}\right)_Y\left(\frac{\partial X}{\partial V}\right)_U + \left(\frac{\partial T}{\partial Y}\right)_X\left(\frac{\partial Y}{\partial V}\right)_U$$

上式で,特に $X = U$ の場合を考えればよい. ∎

【演習 1.6】 1 階の偏微分公式の誘導

1 階の偏微分公式 (1.12) を誘導せよ.

〔解答〕

全微分式 (1.7) を変形すると次式が得られる.

$$dX = \frac{1}{\left(\frac{\partial Z}{\partial X}\right)_Y}dZ - \frac{\left(\frac{\partial Z}{\partial Y}\right)_X}{\left(\frac{\partial Z}{\partial X}\right)_Y}dY = \left(\frac{\partial X}{\partial Z}\right)_Y dZ + \left(\frac{\partial X}{\partial Y}\right)_Z dY$$

比較すると,

$$\left(\frac{\partial X}{\partial Z}\right)_Y = \frac{1}{\left(\frac{\partial Z}{\partial X}\right)_Y},\quad \left(\frac{\partial X}{\partial Y}\right)_Z = -\frac{\left(\frac{\partial Z}{\partial Y}\right)_X}{\left(\frac{\partial Z}{\partial X}\right)_Y}$$

また,式 (1.13) の第 2 式に式 (1.12) の第 1 式を適用すると,

$$\left(\frac{\partial T}{\partial V}\right)_X = \frac{\left(\frac{\partial T}{\partial Y}\right)_X}{\left(\frac{\partial V}{\partial Y}\right)_X}$$

ここで,$T \to X,\ V \to X,\ X \to Z,\ Y \to W$ と置き換えればよい. ∎

【演習 1.7】 円柱座標系とデカルト座標系の変換

多変数関数の例として，円柱座標系とデカルト座標系の変換における偏微分係数を求めよ．また，たとえば，$T = x^2 + y^2 + z^2 = r^2 + z^2$ の偏微分係数を求めよ．

〔解答〕

座標変換式は

$$x = r\cos\theta, \quad y = r\sin\theta, \quad z = z$$

$$r^2 = x^2 + y^2, \quad \tan\theta = \frac{y}{x}, \quad z = z$$

偏微分係数は，

$$\left(\frac{\partial x}{\partial r}\right)_{\theta,z} = \cos\theta, \quad \left(\frac{\partial x}{\partial \theta}\right)_{z,r} = -r\sin\theta, \quad \left(\frac{\partial x}{\partial z}\right)_{r,\theta} = 0, \cdots$$

$$\left(\frac{\partial r}{\partial x}\right)_{y,z} = \frac{x}{r} = \cos\theta, \quad \left(\frac{\partial r}{\partial y}\right)_{z,x} = \frac{y}{r} = \sin\theta, \quad \left(\frac{\partial r}{\partial z}\right)_{x,y} = 0, \cdots$$

また，$T = x^2 + y^2 + z^2 = r^2 + z^2$ の偏微分係数は，

$$\left(\frac{\partial T}{\partial r}\right)_{\theta,z} = \left(\frac{\partial T}{\partial x}\right)_{y,z}\left(\frac{\partial x}{\partial r}\right)_{\theta,z} + \left(\frac{\partial T}{\partial y}\right)_{z,x}\left(\frac{\partial y}{\partial r}\right)_{\theta,z} + \left(\frac{\partial T}{\partial z}\right)_{x,y}\left(\frac{\partial z}{\partial r}\right)_{\theta,z}$$

$$= 2x \cdot \cos\theta + 2y \cdot \sin\theta + 2z \cdot 0 = 2r\cos^2\theta + 2r\sin^2\theta = 2r$$

なお，次式に注意せよ．

$$\left(\frac{\partial x}{\partial r}\right)_{\theta,z} = \frac{1}{\left(\frac{\partial r}{\partial x}\right)_{\theta,z}} \neq \frac{1}{\left(\frac{\partial r}{\partial x}\right)_{y,z}}$$

$$r = \frac{x}{\cos\theta} \Rightarrow \left(\frac{\partial r}{\partial x}\right)_{\theta,z} = \frac{1}{\cos\theta}$$ ■

【演習 1.8】 2 階の偏微分係数の公式の確認

理想気体の状態方程式で次式を確かめよ．

$$\frac{\partial^2 P}{\partial T \partial V} = \frac{\partial^2 P}{\partial V \partial T}$$

〔解答〕

$$\frac{\partial^2 P}{\partial T \partial V} = \left(\frac{\partial}{\partial V}\left(\frac{\partial P}{\partial T}\right)_V\right)_T = \left(\frac{\partial}{\partial V}\left(\frac{nR}{V}\right)\right)_T = -\frac{nR}{V^2}$$

$$\frac{\partial^2 P}{\partial V \partial T} = \left(\frac{\partial}{\partial T}\left(\frac{\partial P}{\partial V}\right)_T\right)_V = \left(\frac{\partial}{\partial T}\left(-\frac{nRT}{V^2}\right)\right)_V = -\frac{nR}{V^2}$$ ■

1.7 単位系と次元

歴史的に見て，多くの国々でさまざまな単位系が用いられてきたが，しばしば単位系の換算が煩雑になり，工業製品の規格では，障害になる場合もあった．単位を国際的に統一するために，各国が集まって作業を進め，1960 年の国際会議において**国際単位系** (Le Système International d'Unités，略して **SI**) が採択されるに至った．国際単位系は，**SI 単位**と**接頭語**からなり，SI 単位は**基本単位**と**組立単位**で構成される．組立単位には固有の名称を持つものがある．

基本単位を表 1.1 に示す．

SI では時間 s，長さ m および質量 kg が基本である．特に，温度の基本量は水の三重点の熱力学温度の 1/273.16 と定義されているが，熱力学温度の概念は熱力学第 2 法則で初めて導入されるので，熱力学を知らなければ，この定義の本来の意味は理解できないはずである．

組立単位は，物理学の法則と定義のような代数的関係に基づいて，上記の基本単位を組み合わせて，乗除のみで表すことができる．こうした単位系をコヒーレントな単位系とよび，この場合には，組立単位は 1 以外の数字係数を持たな

表 1.1 国際単位系 SI の基本単位

基本量	名称	記号	定義
時間	秒 (second)	s	^{133}Cs 原子の基底状態の 2 つの超微細準位の間の遷移に対応する放射の 9,192,631,770 周期の継続時間
長さ	メートル (meter)	m	光が真空中で $1/(299,792,458)$ s の間に進む距離
質量	キログラム (kilogram)	kg	国際キログラム原器の質量
電流	アンペア (ampere)	A	真空中に 1 m の間隔で平行に置かれた無限に小さい円形断面積を有する，無限に長い 2 本の直線状導体のそれぞれを流れ，これらの導体の長さ 1 m ごとに 2×10^{-7} N の力を及ぼし合う一定の電流
熱力学温度	ケルビン (kelvin)	K	水の三重点の熱力学温度の 1/273.16．温度間隔にも同じ単位を使う
物質量	モル (mole)	mol	0.012 kg の 12C に含まれる原子の等しい数 (アボガドロ数) の構成要素を含む系の物質量
光度	カンデラ (candela)	cd	周波数 540×10^{12} Hz の単色放射を放出し所定の方向の放射強度が $1/683$ W·sr^{-1} である光源の，その方向における光度

表 1.2　国際単位系 SI の組立単位の例

基本量	名称	記号	基本単位による表記	定義
力	ニュートン (Newton)	N	$m \cdot kg \cdot s^{-2}$	運動の第 2 法則 $F = ma$
圧力 応力	パスカル (Pascal)	Pa	$m^{-1} \cdot kg \cdot s^{-2}$ (N/m^2)	幾何学的関係 $P = F/A$
エネルギー 仕事, 熱量	ジュール (Joule)	J	$m^2 \cdot kg \cdot s^{-2}$ (Nm)	仕事の定義 $W = Fx$
仕事率 電力	ワット (Watt)	W	$m^2 \cdot kg \cdot s^{-3}$ (J/s)	仕事率の定義 $P = W/t$
セルシウス 温度	セルシウス度 (Celsius degree)	°C	K	$\theta(°C) = T(K) - 273.15$

い．固有の名称を持つ組立単位の中で，熱力学で重要な力 N，圧力 Pa，エネルギー J，仕事率 W およびセルシウス温度 °C を表 1.2 に示す．名称を持つ組立単位以外にも多くの組立単位が考えられ，多くの物理定数や係数を用いて物理法則の記述に使われている．このように，単位系の背景には多くの物理的概念や法則が存在することを理解されたい．

接頭語を表 1.3 に示す．SI では質量の基本単位に接頭語が使われており kg と表示されていることに注意されたい．

表 1.3　国際単位系 SI の接頭語

名称	記号	大きさ	名称	記号	大きさ
ヨタ (yotta)	Y	10^{24}	ヨクト (yocto)	y	10^{-24}
ゼタ (zetta)	Z	10^{21}	ゼプト (zepto)	z	10^{-21}
エクサ (exa)	E	10^{18}	アト (atto)	a	10^{-18}
ペタ (peta)	P	10^{15}	フェムト (femto)	f	10^{-15}
テラ (tera)	T	10^{12}	ピコ (pico)	p	10^{-12}
ギガ (giga)	G	10^9	ナノ (nano)	n	10^{-9}
メガ (mega)	M	10^6	マイクロ (micro)	μ	10^{-6}
キロ (kilo)	k	10^3	ミリ (milli)	m	10^{-3}
ヘクト (hecto)	h	10^2	センチ (centi)	c	10^{-2}
デカ (deca)	da	10	デシ (deci)	d	10^{-1}

1.7 単位系と次元

旧来の工学単位系では、基本単位として質量の代わりに力を用い、SI単位の質量1 kgに働く重力を1 kgfと定義していた。この際、重力は測定場所で変わるので標準重力加速度 $a = 9.80665$ m/s^2 の下での重力を考える。したがって、ニュートンの第2法則 $F = ma$ より、

$$1 \text{ kgf} = 9.80665 \text{ N} \tag{1.14}$$

【演習 1.9】標準大気圧

標準大気圧 1 atm は、水銀柱 760 mmHg、1.01325×10^5 Pa と定義されている。この定義では、水銀の密度を約 13.5951 g/cm^3 として算定されていることを説明せよ。また、標準大気圧を水柱 [mH$_2$O] に換算せよ。

1 atm = 760 mmHg = 101325 Pa = 10.3323 mH$_2$O = 10332.3 kgf/m^2

〔解答〕
次式のように換算できる。

$$0.760 \times 13595.1 \times 9.80665 = 101325 \text{ Pa}$$
$$76.0 \times 13.5951 \times 10^{-2} = 10.3323 \text{ mH}_2\text{O}$$
∎

また、熱と仕事に関しては、もはや歴史的意義しかないが、いわゆる「**熱の仕事当量**」があり、国際蒸気表カロリーでは

$$1 \text{ cal} = 4.1868 \text{ J} \tag{1.15}$$

とされている。

【演習 1.10】熱伝導率

伝熱工学における重要な関係式であるフーリエの法則によると、単位時間単位断面積あたりの通過熱量（熱流束）は温度勾配に比例し、その比例係数を熱伝導率という。ある媒体の熱伝導率 $\lambda = 0.518$ kcal/(m·h·°C) を SI に換算せよ。ここで、単位の「h」は「1時間あたり」という意味である。

〔解答〕

$$1 \text{ cal} = 4.1868 \text{ J} \Rightarrow 1 \text{ kcal/(m·h·°C)} = \frac{4.1868 \times 1000}{3600} \text{ W/(m·K)}$$
$$0.518 \text{ kcal/(m·h·°C)} \times \frac{4.1868 \times 1000}{3600} = 0.6024 \text{ W/(m·K)}$$
∎

【演習 1.11】 大きな火力発電所の出力
　大きな火力発電所の出力は 100 万 kW 程度であるが，この出力をすべて水を加熱するのに使用したとき，毎秒何 kg の水を温度 1 °C だけ加熱できるか．ここで，水の比熱を 1 cal/(g·K) とする．

〔解答〕
$$100 \text{ 万 kW} = 10^9 \text{ W} = \frac{10^9}{4.1868} \text{ cal·s}^{-1}$$
$$\Rightarrow \frac{10^9}{4.1868} \text{ g·K·s}^{-1} = \frac{10^6}{4.1868} \text{ kg·K·s}^{-1} \qquad \blacksquare$$

問題 1

1.1　「温度」という概念はどのようにして導入されたか，また，熱平衡との関係について説明せよ．

1.2　普遍的な温度目盛として用いられている気体温度計について説明せよ．

1.3　理想気体による絶対温度目盛について説明せよ．

1.4　状態量について説明せよ．

1.5　平衡状態，非平衡状態および準安定平衡状態について説明せよ．

1.6　完全微分と不完全微分について説明せよ．

2章 状態方程式

　　理想気体温度計による温度目盛から理想気体の状態方程式を定式化し，この方程式の種々の表現を与える．また，このような理想気体からなる理想混合気体についても説明する．さらに，一般的な状態方程式として実在気体の状態方程式を示し，状態方程式の微分係数による表現についても解説する．

2.1 理想気体温度計による温度目盛

　アボガドロの法則により，すべての気体は，物質量が等しければ，同じ温度，圧力の下で同じ体積を占めることがわかっており，圧力あるいは体積は物質量に比例すると考えられる．したがって，理想気体による絶対温度 T の定義において，気体の占める体積 V が物質量としての**モル数** $n \equiv N/N_A$ に比例するとして，いわゆる**理想気体の状態方程式**とよばれる次式が得られる．

$$PV = nRT \tag{2.1}$$

ここで，N は体積 V の中の気体の**粒子数**，N_A は**アボガドロ数**，比例係数 R は**一般気体定数**とよばれる．このように理想気体の状態方程式は，ボイルの法則とアボガドロの法則を経験的事実とした上で，単に絶対温度を定義したものに過ぎない．アボガドロ数は $6.02214179 \times 10^{23}$ mol^{-1} である．

　逆説的ではあるが，絶対温度目盛を定義した理想気体の状態方程式を満足する気体を**理想気体**とよぶ．理想気体は，気体分子運動論によるミクロな観点からみると，分子の大きさおよび分子間引力の効果を無視し，多数の分子のミクロな運動による効果のみがマクロに表れたものと考えられる．

【演習 2.1】　一般気体定数の値
　一般気体定数の値を算出せよ．

〔解答〕
すべての気体は，アボガドロの法則により気体の種類にかかわらず，標準状態 {101.325 kPa, 0°C} で $v = 22.413996 \text{ m}^3/\text{kmol}$ とされている．このとき，一般気体定数は

$$R = 8314.472 \text{ J}/(\text{kmol·K}) = 1.9862 \text{ kcal}/(\text{kmol·K})$$

となる．なお，この一般気体定数の値は測定技術の進歩により年々改訂されている． ∎

2.2 理想気体の状態方程式
2.2.1 状態方程式の種々の表現

気体の占める体積を V，質量を G として，**モル体積** v，**モル濃度** c，**密度** ρ，**比体積** v'，**ボルツマン定数** k，**モル質量** M，ある特定の気体の**気体定数** R' はそれぞれ以下のように定義されている．

$$v \equiv \frac{V}{n}, \quad c \equiv \frac{n}{V} = \frac{1}{v}, \quad \rho \equiv \frac{G}{V}, \quad v' \equiv \frac{V}{G} = \frac{1}{\rho},$$
$$k \equiv \frac{R}{N_A}, \quad M = \frac{G}{n}, \quad R' \equiv \frac{R}{M} \tag{2.2}$$

これらの量を用いると，この状態方程式に対する種々の表現が得られる．

$$Pv = RT, \quad P = cRT, \quad PV = GR'T, \quad P = \rho R'T,$$
$$Pv' = R'T, \quad PV = NkT \tag{2.3}$$

なお，1 番目の表現は示強変数だけの関係式となっている．**ボルツマン定数**は 1.3806504 J/K である．

【演習 2.2】 ラプラスの測高公式

測高公式 (地上からの高さ h と圧力 P の関係) を求めよ．また，気温を $10\,°C$ として，圧力が地上の 10 分の 1 になる高さを求めよ．なお，重力加速度を $g = 9.80665$ m/s^2，空気の気体定数を $R' = 287.03 \text{ J}/(\text{kg·K})$ とする．

〔解答〕
高さ方向に温度が一定とすると，状態方程式より圧力と空気密度は比例関係にあり，いずれも高さ h の関数となる．

2.2 理想気体の状態方程式

$$P = \rho R'T$$

任意の高さで，重力と圧力差がつり合うと考えると，地上の圧力を P_0 として，

$$P + dP + \rho g dh = P, \quad P + dP + \frac{P}{R'T} g dh = P, \quad \frac{1}{P} dP = -\frac{g}{R'T} dh$$

$$P = P_0 \exp\left(-\frac{g}{R'T} h\right) \quad \therefore \quad h = \frac{R'T}{g} \ln \frac{P_0}{P}$$

$$h = \frac{287.03 \times (273.15 + 10)}{9.80665} \ln 10 = 19.083 \text{ km}$$

∎

2.2.2 理想混合気体の法則

理想気体からなる混合気体を**理想混合気体**とよび，次の 2 つの現象論的な法則が成立するとする．ここで，混合気体中の各成分を i で表し，各成分のモル数を n_i と表す．混合気体全体の体積（全体積）を V，圧力（**全圧**）を P，全質量を G，また，全モル数を n で表す．

1) ドルトンの分圧加算の法則

$$P = \sum_i P_i \tag{2.4}$$

ここで，分圧 P_i は $P_i V = n_i RT$ で定義される．

2) アマガ・ルデュックの体積加算の法則

$$V = \sum_i V_i \tag{2.5}$$

ここで，「分体積」V_i は $PV_i = n_i RT$ で定義される．

【演習 2.3】 分圧加算の法則と体積加算の法則の等価性

ドルトンの分圧加算の法則とアマガ・ルデュックの体積加算の法則は等価であることを示せ．

〔解答〕
それぞれの定義を成分 i について加算すると，

$$\sum_i P_i V = \sum_i n_i RT = nRT, \quad \sum_i PV_i = \sum_i n_i RT = nRT$$

すなわち，

$$V \sum_i P_i = P \sum_i V_i$$

したがって，どちらかの法則が成立するとき，他方の法則も成立するので，この二つの法則は等価である．∎

このことは，異なる種類の気体を混合しても，混合気体全体に対して，各成分のモル数を加算した全モル数に対応して全圧や全体積が定まることを意味しており，混合気体の各成分は他の成分とは独立に振舞うと考えてよいことを示唆している．理想気体の状態方程式は，本来，同種の粒子の相互作用が無視できるということであったが，このことを異種の粒子間の相互作用も無視できるというように拡張して考えていることになる．

したがって，混合気中の各成分に対して，各成分の量 n_i や G_i に対して，分圧 P_i や分体積 V_i を用いて，式 (2.1) および式 (2.3) はそのまま拡張して使用できる．

$$PV_i = n_i RT, \quad P_i V = n_i RT, \quad PV_i = G_i R'_i T, \quad P_i V = G_i R'_i T \tag{2.6}$$

また，混合気体全体についても，全モル数，全圧および全体積を用いて，理想気体の状態方程式 (2.1) がそのまま成立する．すなわち，

$$PV = nRT \quad \text{あるいは} \quad P = \rho RT \sum_i \frac{Y_i}{M_i} \tag{2.7}$$

と表される．

2.2.3 混合気体の組成と成分濃度

(1) 混合気体の種々の組成に関する表現

混合気体の組成を表すには，成分 i の**質量分率** Y_i および**モル分率** X_i があり，以下のように定義される．これらは無次元数であるが，あえて各成分と混合気体全体の比であることを示す次元を表記した．

$$Y_i \equiv \frac{G_i}{G} \; [\text{kg}_i/\text{kg}], \quad X_i \equiv \frac{n_i}{n} \; [\text{kmol}_i/\text{kmol}] \tag{2.8}$$

また，成分濃度を表すのに，前項の分圧 P_i 以外にも，**モル濃度** c_i および**質量濃度** ρ_i が用いられており，以下のように定義される．

$$c_i \equiv \frac{n_i}{V} \; [\text{kmol}_i/\text{m}^3], \quad \rho_i \equiv \rho Y_i \; [\text{kg}_i/\text{m}^3] \tag{2.9}$$

2.2 理想気体の状態方程式

【演習 2.4】 混合気体の組成および濃度に関する関係式

下記の混合気体の組成および濃度に関する関係式を導け.

$$G = \sum_i G_i = \sum_i M_i n_i = n \sum_i M_i X_i$$

$$n = \sum_i n_i = \sum_i \frac{G_i}{M_i} = G \sum_i \frac{Y_i}{M_i}$$

$$Y_i = \frac{n_i M_i}{nM} = \frac{M_i}{M} X_i, \quad X_i = M \frac{Y_i}{M_i}$$

$$c_i = \frac{P_i}{RT} = \frac{\rho Y_i}{M_i} = \frac{\rho}{M} X_i, \quad \rho_i = \frac{P_i}{(R/M_i)T}$$

〔解答〕

明らか.

(2) 混合気体全体および平均を表す量

混合気体全体および平均を表す量には,混合気の平均モル質量 M,密度 ρ,全質量 G,全モル数 n および全モル濃度 c 等がある.これらの諸量の定義,相互の関係を以下に列挙する.

$$M \equiv \frac{G}{n} = 1/\sum_i \frac{Y_i}{M_i} = \sum_i X_i M_i \tag{2.10}$$

$$c = \sum_i c_i = \frac{n}{V} = \frac{G/M}{V} = \frac{G/V}{M} = \frac{\rho}{M} = \frac{P}{RT} \tag{2.11}$$

また,下記のような比例関係がある.

$$\frac{c_i}{c} = \frac{n_i}{n} = \frac{P_i}{P} = X_i \tag{2.12}$$

(3) 乾き空気

水蒸気を含まない空気を**乾き空気**という.その標準状態における組成を表 2.1 に示す.

表 2.1 標準乾き空気の組成

	O_2	N_2	CO_2	Ar	H_2	合計
質量分率 (%)	23.20	75.47	0.046	1.28	0.001	99.997
体積分率 (%)	20.99	78.03	0.030	0.933	0.01	99.993

空気の窒素・酸素質量比 i を以下に示す.

$$i = \frac{Y_{N_2}}{Y_{O_2}} \cong \frac{0.768}{0.232} = 3.310 \qquad (2.13)$$

ここで,簡単のために,酸素以外の成分をすべて不活性ガスの窒素と見なしている.

【演習 2.5】 乾き空気の気体定数等

乾き空気の気体定数,平均モル質量,密度を求めよ.

〔解答〕

表 2.1 より,式 (2.10) に代入して,

$$M = \frac{1}{\dfrac{0.2320}{32} + \dfrac{0.7547}{28} + \dfrac{0.00046}{44} + \dfrac{0.0128}{40} + \dfrac{0.00001}{2}}$$
$$= 28.953 \text{ kg/kmol}$$

乾き空気の気体定数は,式 (2.2) より,$R' = R/M = 287.17$ J/(kg·K) となる.また,密度は式 (2.3) より,1 atm (101.325 kPa),300 K において,

$$\rho = \frac{P}{R'T} = \frac{101325}{287.17 \times 300.0} = 1.1761 \text{ kg/m}^3 \qquad ■$$

【演習 2.6】 メタン-空気の量論混合気体

メタン-空気の量論混合気体の平均モル質量,密度,各成分の質量分率およびモル分率を求めよ(必要があれば温度 300 K および圧力 1 atm とせよ).ここで,メタン-空気系の量論による完全燃焼は次式で表され,

$$CH_4 + 2O_2 \rightarrow CO_2 + 2H_2O$$

燃料 1 kg を完全燃焼させるのに必要な酸素の質量 j は次式で表される.

$$j = \frac{M_{O_2} \times 2}{M_{CH_4} \times 1} = 4$$

〔解答〕

$i = 3.31$, $j = 4$ として

$$Y_{CH_4} = \frac{M_{CH_4} \times 1}{M_{CH_4} \times 1 + M_{O_2} \times 2 \times (i+1)}$$
$$= \frac{1}{1 + j(i+1)} = \frac{1}{1 + 4(3.31 + 1)} = 0.054825$$

$$Y_{O_2} = \frac{j}{1 + j(i+1)} = \frac{4}{1 + 4(3.31 + 1)} = 0.219298$$

2.2 理想気体の状態方程式

$$Y_{N_2} = \frac{ij}{1+j(i+1)} = \frac{3.31 \times 4}{1+4(3.31+1)} = 0.725877$$

$$M = \frac{1}{\frac{0.054825}{16} + \frac{0.219298}{32} + \frac{0.725877}{28}} = 27.62 \text{ kg/kmol}$$

$$X_{CH_4} = M\frac{Y_{CH_4}}{M_{CH_4}} = 27.62 \times \frac{0.054825}{16} = 0.09465$$

$$X_{O_2} = M\frac{Y_{O_2}}{M_{O_2}} = 27.62 \times \frac{0.219298}{32} = 0.18928$$

$$\rho = \frac{PM}{RT} = \frac{101325 \times (27.62/1000)}{8.314510 \times 300} = 1.12197 \text{ kg/m}^3$$

$$c = \frac{\rho}{M} = \frac{1.12197}{27.62} = 0.04062 \text{ kmol/m}^3$$ ∎

2.2.4 湿り空気と湿度

湿り空気は乾き空気（質量：G_g，質量分率：Y_g）と水蒸気（質量：G_w，質量分率：Y_w）の理想混合気体と考えることができる．全圧をPとする．相対湿度ϕは，飽和水蒸気圧力をP_s，水蒸気の分圧をP_wとすると

$$\phi = \frac{P_w}{P_s} \tag{2.14}$$

絶対湿度xは

$$x = \frac{G_w}{G_g} = \frac{Y_w}{Y_g} \tag{2.15}$$

と定義されている．

【演習 2.7】 相対湿度と絶対湿度

相対湿度と絶対湿度の関係を求めよ．また，分圧と絶対湿度および水蒸気の質量分率の関係を求めよ．さらに，湿り空気の比体積を絶対湿度で表せ．
〔解答〕
水蒸気と乾き空気の状態方程式は，式 (2.6) より，

$$P_w V = G_w R'_w T, \quad P_g V = G_g R'_g T$$

絶対湿度の定義に代入すると，

$$x = \frac{G_w}{G_g} = \frac{\dfrac{P_w V}{R'_w T}}{\dfrac{P_g V}{R'_g T}} = \frac{P_w}{P_g}\frac{R'_g}{R'_w} = \frac{\phi P_s}{P - \phi P_s}\frac{R'_g}{R'_w}$$

よって，

$$x = \phi \frac{P_s}{P - \phi P_s}\frac{R'_g}{R'_w} \qquad \frac{R'_g}{R'_w} = \frac{M_w}{M_g} = \frac{287.1}{461.5} = 0.622$$

したがって，絶対湿度 x は相対湿度とは比例関係にはない．

$$x = \frac{P_s}{\dfrac{1}{\phi}P - P_s}\frac{M_w}{M_g} = \frac{P_s}{\dfrac{P_s}{P_w}P - P_s}\frac{M_w}{M_g}$$

$$= \frac{1}{\left(\dfrac{P}{P_w} - 1\right)\dfrac{P_g}{P_w}}$$

$$Y_w = \frac{1}{1 + \dfrac{1}{x}} = \frac{1}{1 + \left(\dfrac{P}{P_w} - 1\right)\dfrac{M_g}{M_w}}$$

乾き空気単位質量あたりの体積を v'_{dry} とし，湿り空気単位質量あたりの体積（比体積）を v' とする．ここで，「dry」は乾き空気を示す．

$$v'_{\text{dry}} \equiv \frac{V}{G_g}, \quad v' \equiv \frac{V}{G_g + G_w} = v'_{\text{dry}} Y_g = \frac{v'_{\text{dry}}}{1 + x} \quad [\text{m}^3/\text{kg}]$$

湿り空気に対する状態方程式は次式で表される．

$$Pv' = \frac{R}{M}T$$

したがって，

$$v' = RY_g\left(\frac{1}{M_g} + \frac{x}{M_w}\right)\frac{T}{P} = R\frac{\dfrac{1}{M_g} + \dfrac{x}{M_w}}{1 + x}\frac{T}{P}$$

$$= \frac{\dfrac{R}{M_w}\left(\dfrac{M_w}{M_g} + x\right)}{1 + x}\frac{T}{P} \quad [\text{m}^3/\text{kg}]$$

$$v'_{\text{dry}} = R\left(\frac{1}{M_g} + \frac{x}{M_w}\right)\frac{T}{P} \quad [\text{m}^3/\text{kg}_{\text{dry}}]$$

2.3 一般的な状態方程式

2.3.1 状態量の間の関係式

気体のような単純系では，物質量（モル数）が一定の場合，熱平衡状態では，体積，圧力および温度の間に，**状態方程式**とよばれる次のような関係式が成立することが知られている．

$$f(P,T,V) = 0 \tag{2.16}$$

これは，系のマクロな状態は少数の状態量で記述され，単純系の場合には，いわゆる相律（8.6節で後述する）により，独立な状態量は2つであり，3つ目の状態量は独立な2つの状態量で表されることを示している．特に，体積に注目すれば次式のように表される．

$$V = V(P,T) \tag{2.17}$$

2.3.2 実在気体の状態方程式

実在気体の状態方程式としては，次式に示すように，モル体積 v が通常は十分に大きいので，その逆数で展開した**ビリアル展開**がよく用いられる．

$$\frac{Pv}{RT} = 1 + \frac{b_2(T)}{v} + \frac{b_3(T)}{v^2} + \cdots \tag{2.18}$$

この右辺第1項は理想気体の状態方程式を表しており，これをさらに $1/v$ で展開した形になっている．

また，理想気体の状態方程式からのずれをミクロな観点から定性的に考慮した方程式として，次式で表される**ファン・デル・ワールスの状態方程式**があり，このような状態方程式で表される気体を**ファン・デル・ワールス気体**とよぶ．

$$\left(P + \frac{an^2}{V^2}\right)(V - bn) = nRT \tag{2.19}$$

モル体積 v を用いると，

$$\left(P + \frac{a}{v^2}\right)(v - b) = RT \tag{2.20}$$

ここで，a および b は気体の種類によって異なる定数であり，理想気体では無視されている分子間の引力および分子の大きさの効果を表している．理想気体の圧力は壁面に衝突する分子の運動量に対応しているが，実在気体の場合には

分子間引力により壁面に衝突する分子の速度が小さくなるはずである．このような効果は分子間引力の大きさと壁面に衝突する分子数に比例すると考えられ，モル体積の2乗に反比例すると考えられる．また，理想気体の体積は分子が自由に運動できる空間の大きさであるが，実在気体の場合には分子には大きさがあり斥力が働くために自由に運動できる空間が小さくなるはずである．

　ファン・デル・ワールスの状態方程式は，上述のような効果が小さくなるモル体積が十分大きい領域あるいは温度が高い領域 {具体的には，$v \gg b, T \gg a/(vR)$} では，理想気体の状態方程式に漸近する．また，この式は相変化の挙動を定性的に説明するのに非常に役に立つものであるが，この式では現実には物理的に存在できない状態も出現してしまうことに注意しなければならない．

【演習 2.8】 水蒸気のファン・デル・ワールスの状態方程式

　水蒸気の場合には，$a = 5.520 \times 10^5$ N·m^4/kmol^2，$b = 0.0304$ m^3/kmol と与えられている．ファン・デル・ワールスの状態方程式を図示せよ．なお，すべての気体は標準状態で $v = 22.413996$ m^3/kmol であるとせよ．

〔解答〕

　圧力，モル体積および絶対温度の関係を図 2.1 に示す．図 (a) は圧力とモル体積の関係を絶対温度をパラメータとして等温線で示したものであり，図 (b) は圧力をモル体積と絶対温度の平面上においてグレースケールで示したものである．モル体積が十分大きい領域あるいは温度が高い領域では圧力とモル体積の関係は双曲線となり理想気体の状態方程式に漸近している．中程度の温度およびある圧力以下ではモル体積は 3 価となる．モル体積が小さいところで圧力は急上昇し，これは液相あるいは固相の状態に対応し，モル体積が大きいところは気相に対応する．後に等温線の勾配が負になる領域は熱力学的平衡状態ではなく実現できないことが示される．もちろん圧力は負になることはないので，そのような状態も実際には存在しない．図 (a) の左端の一点鎖線は b の値を示す． ∎

2.3.3　微分係数による表現

　状態量の間の関係式は，理想気体の状態方程式のように代数的な式で与えられることもあるが，状態量の間の微分関係だけしか与えられていないことが多い．たとえば，次式で表されるような体積と圧力あるいは温度の微分関係である**等温圧縮率** κ_T （等温体積弾性率 k_T の逆数），**体膨張率** α あるいは**熱圧力係**

2.3 一般的な状態方程式

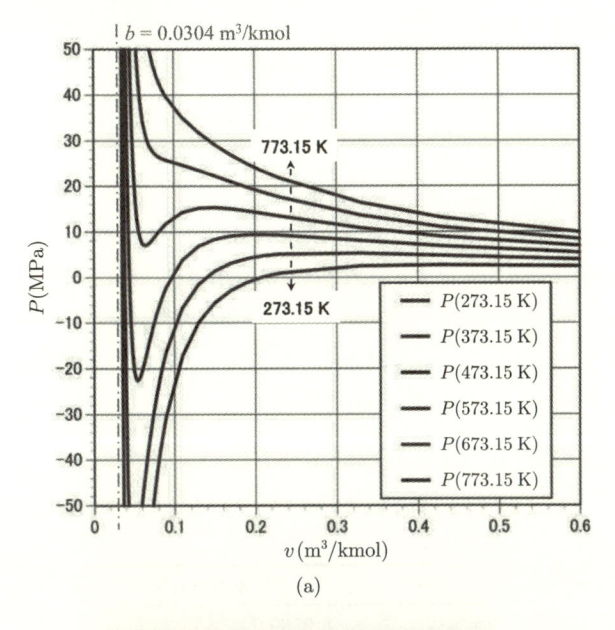

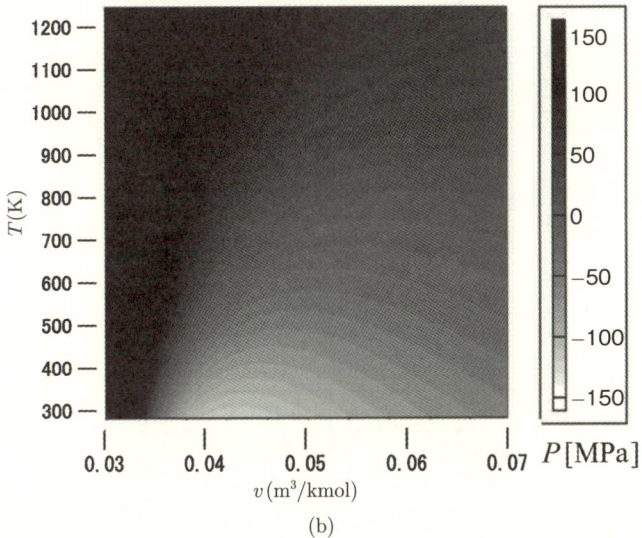

(a)

(b)

図 2.1 ファン・デル・ワールスの状態方程式（水蒸気）

数 β だけが与えられる.

$$\kappa_T = \frac{1}{k_T} = -\frac{1}{V}\left(\frac{\partial V}{\partial P}\right)_T,$$
$$\alpha = \frac{1}{V}\left(\frac{\partial V}{\partial T}\right)_P, \quad \beta = \left(\frac{\partial P}{\partial T}\right)_V \tag{2.21}$$

このような場合,状態量の間の関係式は,次式で表される状態量に関する全微分関係式を積分することにより求めることができる.

$$dV = \left(\frac{\partial V}{\partial P}\right)_T dP + \left(\frac{\partial V}{\partial T}\right)_P dT$$
$$= V\left(-\kappa_T dP + \alpha dT\right) \tag{2.22}$$

これらの係数の例を表 2.2 および 2.3 に示す.

表 2.2 等温圧縮率 (1 気圧, 20 °C)

物質	等温圧縮率 (GPa^{-1})
理想気体	9869.2
エチルアルコール	1.1
水	0.45
グリセリン	0.21
ポリスチレン	0.250
アルミニウム	0.0133
チタン	0.0093
銅	0.0072
鋼	0.0061-0.0059
金	0.00461
タングステン	0.0031

表 2.3 体膨張率 (1 気圧, 20 °C)

物質	体膨張率 (K^{-1})
理想気体	0.0036610 (0 °C)
エチルアルコール	0.00108
グリセリン	0.00047
水	0.00021
ナトリウム	0.000207
水銀	0.000181
亜鉛	0.000089
ダイヤモンド	0.0000091

2.3 一般的な状態方程式

【演習 2.9】 等温圧縮率, 体膨張率および熱圧力係数

等温圧縮率 κ_T, 体膨張率 α および熱圧力係数 β について (a) 理想気体および (b) ファン・デル・ワールス気体の場合について求めよ. また, $\alpha = \beta \kappa_T$ が成立することを示せ.

〔解答〕
(a) 理想気体
$$\kappa_T = \frac{1}{P}, \quad \alpha = \frac{1}{T}, \quad \beta = \frac{P}{T} \quad \Rightarrow \quad \alpha = \beta \kappa_T$$

(b) ファン・デル・ワールス気体
$$\left(\frac{\partial V}{\partial P}\right)_T \text{ を求める}.$$

状態方程式が V については解けないので,
(1) 次の偏微分公式を利用して,
$$\left(\frac{\partial V}{\partial P}\right)_T = \frac{1}{\left(\frac{\partial P}{\partial V}\right)_T}$$

右辺の微分係数にファン・デル・ワールスの状態方程式を代入して,
$$\left(\frac{\partial P}{\partial V}\right)_T = -\frac{nRT}{(V-nb)^2} + \frac{2an^2}{V^3}$$

あるいは,
(2) 状態方程式の両辺を T を固定して P で微分する.

$$\kappa_T = \frac{1}{P + \frac{n^2 a}{V^2} - \frac{2n^2 a}{V^3}(V-nb)} \frac{V-nb}{V},$$

$$\alpha = \frac{1}{P + \frac{n^2 a}{V^2} - \frac{2n^2 a}{V^3}(V-nb)} \frac{nR}{V},$$

$$\beta = \frac{nR}{V-nb} \quad \Rightarrow \quad \alpha = \beta \kappa_T$$

問題 2

2.1 理想気体の状態方程式について説明せよ．
2.2 混合気体の組成や成分濃度を表す物理量の相互の関係について説明せよ．
2.3 実在気体に関するファン・デル・ワールスの状態方程式について説明せよ．
2.4 実在気体の状態方程式は等温圧縮率，体膨張率および熱圧力係数等の微分係数によりどのように表現されるか説明せよ．

3章 熱力学第1法則と「内部エネルギー」および「熱」の導入

エネルギー保存の原理は熱現象を含むように拡張され，ジュールの実験に基づき内部エネルギーおよび熱が導入され，熱力学第1法則が確立されることを説明する．同時に，内部エネルギーに関する気体分子運動論についても紹介する．さらに，具体的な状態変化の計算に利用できるような準静的過程による熱力学第1法則の定式化について示す．また，気体の断熱自由膨張に関する考察から内部エネルギーの体積依存性を示し，熱容量を導入する．この熱容量を用いた熱力学第1法則の表現を与え，理想気体における比熱に関する公式を導出し，理想気体の状態変化について説明する．

3.1 エネルギー保存原理の拡張

「はしがき」で述べたように，熱力学は幾何学と力学的概念に立脚して熱現象を表すのに必要な概念を導入して，理論体系が組み立てられている．力学では，「質量」や「力」の概念は運動学的に測定可能な加速度の大きさを用いて定義されるが，熱力学では，「エネルギー」や「熱」の概念は力学的な仕事の大きさを用いて定義される．

エネルギー保存の原理は長い発展の歴史があり，序章で述べたように，力学的エネルギーの保存から始まり，保存原理は何度も「新しい種類のエネルギー」の追加によって変化をくり返し，熱的現象にまで適用範囲を拡張された．この原理は物理学における最も基本的な原理の1つで，完全に普遍的な原子レベルの法則であるといえる．したがって，熱力学系のエネルギーは，原子レベルの現象の巨視的発現であり，明確な保存原理に従い，その値は厳密に定まると考えられている．

現象論的には，熱力学的なエネルギーの存在を認め，エネルギー保存の原理を熱的効果を含む現象に拡張したものが**熱力学第 1 法則**である．エネルギーはミクロな分子運動論や統計力学で，種々の分子模型を用いて証明することはできる．なお，エネルギーとしてはマクロな**運動エネルギー**や**位置エネルギー**も含まれるが，熱力学ではこのようなマクロに現れるエネルギーは力学的に扱えるので，これを除外したものを**内部エネルギー**とよんでいる．

3.2　ジュールの実験と内部エネルギーの導入

上記のような観点から，キャレンや原島の教科書にしたがい，ここでは現象論的に，**内部エネルギー**という状態量の存在を要請する．内部エネルギーが実際に意味を有するためには，存在するだけでなく，巨視的に操作可能でかつ測定可能であることが必要であり，具体的な測定方法の存在，同時に熱の定量的操作的定義が必要である．

このため，内部エネルギーに関して拘束的な壁を用いて，内部エネルギーを操作し，その値を幾何学と力学的概念に立脚して測定することを考える．そのような測定を実現したものとして，図 3.1 に示すような**ジュールの実験**がある．

この実験により，力学的な作用だけを通す壁（**断熱壁**とよぶ）によって囲まれた系を任意の状態 ① から他の状態 ② へ移すとき，系の 2 つの状態の内部

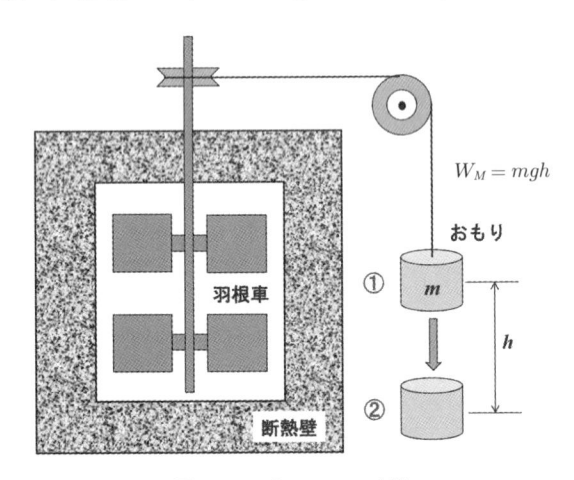

図 3.1　ジュールの実験

エネルギーの差 $U_2 - U_1$ は，どのように仕事を与えるかということとは無関係に，**外から加えられた仕事** W_M の大きさのみによって定まることが現象論的（経験的）に明らかとなった．すなわち，次式が成立する．

$$U_2 - U_1 = W_M \quad (断熱過程) \tag{3.1}$$

このようにして，内部エネルギーは，どのように仕事を与えたかということとは無関係に，すなわち状態変化の過程によらずに決まる状態量であることを経験的に明らかにし，仕事量で測定可能とされた．また，任意の熱力学系のエネルギーを適当な基準状態に相対的に測定することが可能である．なお，状態 ① や状態 ② としては，目に見えて観測可能な状態，たとえば水中の氷がちょうどすべて融解した場合や水がちょうど沸騰し始めた場合を考えればよい．温度計を系に差し込んで状態を確認するという説明もなされることがあるが，この時点では温度と内部エネルギーの関係は明らかでない．

3.3　熱力学第 1 法則と熱の導入

　ここで，ジュールの実験を熱的作用が加わる場合に拡張する．系が断熱壁ではなく力学的な作用以外の作用も通す一般的な壁によって囲まれた場合を考え，断熱壁を用いた場合と同じ状態 ① から他の状態 ② へ移すことを考える．このとき，

$$U_2 - U_1 \neq W_M \quad (一般の過程) \tag{3.2}$$

となり，この不等式は力学的な作用以外の作用の結果であり，これを**外から加えられた熱**とよび，左辺と右辺の差を用いて測定可能とした．すなわち，

$$Q \equiv U_2 - U_1 - W_M \tag{3.3}$$

となる．このようにして，力学的な仕事量によって熱が定義され，測定可能とされた．

　ここで，上式を書き直して，$\Delta U \equiv U_2 - U_1$ とおけば，

$$\Delta U = W_M + Q \tag{3.4}$$

と表され，この式を**熱力学第 1 法則**とよぶ．この式を微小過程に適用すると，

$$dU = d'W_M + d'Q \tag{3.5}$$

ここで，d は完全微分を d' は不完全微分を表し，前者は変化の過程に依存せず，積分した場合に積分の経路に依存しない量であることを示している．本書では，注目している系に外から仕事や熱が加えられた場合を「正」とするので，系が外にする仕事は $(-W_M)$，外に放出する熱は $(-Q)$ と表すことにする．

熱あるいは仕事だけを与えた場合，その量が同じならばエネルギー変化は同じとなる．ジュールの実験は，通常は，「熱」という物理量の存在を前提として，熱の仕事当量（1 cal = 4.1868 J）を測定し，「熱と仕事はともにエネルギーの一形態であり，互いに転換することができる」と表現されているが，ここでは「熱」そのものを力学的概念に立脚して定義するものと解釈している．

また，この式は，任意の一般の過程において，どのように仕事や熱を与えても，それらの総量が同じならば，内部エネルギーの変化が同じであり，仕事と熱の和は状態量になることを表している．

ピストン・シリンダー系の場合についてミクロに考えると，熱の場合は，シリンダー外部の高温の空気分子がピストンに衝突してピストン表面の分子にエネルギーを与え，それがピストン内部の分子間を次々に伝わり，ピストンの反対側の表面まで伝わり，その表面分子にシリンダー内部の分子が衝突してエネルギーをもらい受ける．仕事の場合は，ピストンの分子はピストンの移動によって一様な整然とした並進運動を行い，結果としてピストンの巨視的運動が実現している．池田の教科書によれば，統計力学的には，ミクロ（微視）とマクロ（巨視）の中間的な見方としての粗視状態を考えると，内部エネルギーは粗視状態 i のエネルギー ε_i と状態数 $N(\varepsilon_i)$ により次式で与えられる．

$$U = \sum_i \varepsilon_i N(\varepsilon_i) \tag{3.6}$$

上式を微分すると，

$$dU = \sum_i \varepsilon_i dN(\varepsilon_i) + \sum_i N(\varepsilon_i) d\varepsilon_i = d'Q + d'W \tag{3.7}$$

すなわち，熱は粗視状態の状態数を変化させ，仕事は粗視状態のエネルギーを変化させると解釈される．

3.3 熱力学第1法則と熱の導入

【演習 3.1】 熱,仕事,エネルギーの概念のアナロジー

キャレンの教科書では,熱,仕事,エネルギーの概念を池の「水」の「川からの流入・流出」および「大気中からの雨・蒸発」による量の増減として類推している.どのように対応させたか考えよ.

〔解答〕

「水量」はエネルギー,「川からの流入・流出量」は仕事,「大気中からの雨・蒸発量」は熱に対応する.また,「防水布」は断熱壁,「川の塞き止め操作」は仕事の任意の過程,「川の流量計」は仕事量の測定に対応する.断熱過程による操作は,池を防水布により覆い,川の塞き止め操作により,任意の水位とすることができ,水位計を流量計の読みにより目盛ることができることに相当し,一般の過程による操作は防水布を取り除くことに相当する.

【演習 3.2】 熱の仕事当量

ジュールの実験で,質量 26320 g のおもりを 160.5 cm の高さから 20 回落として,水を撹拌させたところ,温度が 0.3129 °C 上昇した.熱の仕事当量を計算せよ.ただし,水と容器の熱容量は 6316 cal/K であった.

〔解答〕

$$\frac{mgh \times 20}{C\Delta T} = \frac{26320 \times 980.665 \times 160.5 \times 20}{6316 \times 0.3129}$$

$$= 41920000 \text{ erg/cal} = 4.192 \text{ J/cal}$$

【演習 3.3】 仕事の熱への変換

ある内燃機関の出力を水動力計によって計測するとき,その毎分回転数 $n = 1200$ 1/min,トルク (回転モーメント) $T = 750$ N·m であり,また水動力計には温度 $t_1 = 20°C$ の冷却水を毎時 $V = 3.0$ m³/h 循環させたとして,この機関の出力 P [kW] と冷却水の出口温度 t_2 を求めよ.水の密度 $\rho = 1000$ kg/m³,比熱 $c = 4.19$ kJ/(kg·°C) とする.

〔解答〕

機関の出力はトルク T と角速度 ω の積に等しいから

$$P = T\omega = 750 \times \frac{2\pi n}{60} = 750 \times \frac{2\pi \times 1200}{60}$$

$$= 94250 \text{ W} = 94.25 \text{ kW}$$

この出力は水動力計によって制動されて熱に変換されるが,その毎時熱量 Q は

$$Q = 94.25 \times 3600 = 339300 \text{ kJ/h}$$

ゆえに冷却水の温度上昇 Δt は

$$\Delta t = \frac{Q}{\rho V c} = \frac{339300}{1000 \times 3 \times 4.19} = 27.0\ °C$$

$$\therefore\ t_2 = t_1 + \Delta t = 20 + 27.0 = 47.0\ °C$$

【演習 3.4】 フェーン現象

フェーン現象について熱力学第 1 法則を用いて説明せよ．

〔解答〕

フェーン現象は湿った大気が周囲とほとんど熱交換できないぐらい高速で起こる現象であり断熱変化と見なすことができる．そのため，海側からの湿った大気が高い山の斜面に沿って上昇する際，断熱膨張し，周囲に仕事を与えた分だけ内部エネルギーが減少し温度が低下する．これとともに水蒸気が水分として凝縮し雲になる．次に，山頂から斜面に沿って下降する際，同様に断熱圧縮し，周囲から仕事をされた分だけ内部エネルギーが増加し温度が上昇する．この際，凝縮した水分量の分だけ比熱が小さくなり温度上昇が大きくなる．また，相対湿度が減少する．

このような現象により，1933 年 7 月に山形市で 40.8 °C，2007 年 8 月には多治見市と熊谷市で 40.9 °C，2013 年 8 月には四万十市で 41 °C を記録し，最高気温が更新されている．

3.4 内部エネルギーに関する気体分子運動論

熱機関の基本的な構成であるピストン・シリンダー系をミクロな視点で見ると図 3.2 のように考えられる．ピストンが外部に押し出されるのは気体の膨張，すなわちミクロな分子運動が原因であり，シリンダー中の分子がピストンに何回も衝突し，ピストンを押し広げる力を与える．高温の燃焼ガスは，分子の運動エネルギーが大きいので，ピストンを押す力（圧力）が大きい．歴史的には，分子間に働く「斥力」が膨張の原因であるとされていた時代もあった．また，高温ガスの集団である太陽が分子間引力によって収縮しないのはこの分子の運動エネルギーによる．

このように，物質の分子による構成から，熱力学の法則と各物質の特性を理解するための学問として，統計力学や物性物理学がある．ここでは，初等的なやり方として**気体分子運動論**による気体の内部エネルギーの解釈について述べる．

3.4 内部エネルギーに関する気体分子運動論

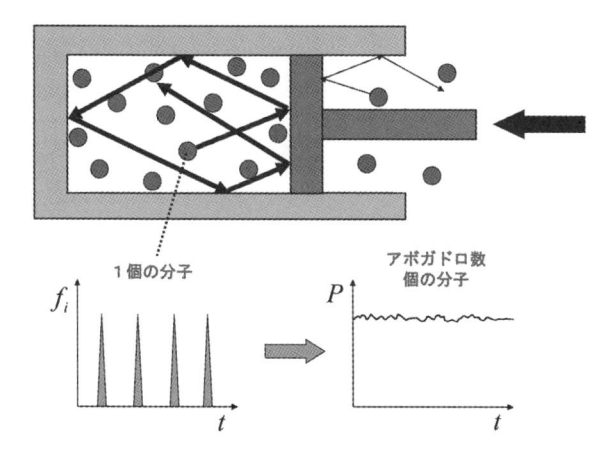

図 3.2 ピストン・シリンダー系におけるミクロな気体分子の運動

3.4.1 ミクロな平均運動エネルギーと内部エネルギーの関係

気体分子からなる系において，マクロに見ると熱平衡状態にあるときには，ミクロな気体分子の各自由度あたりの運動エネルギーの平均値 $\langle \varepsilon \rangle$ は同一となり，次式で与えられることが知られている．

$$\frac{1}{2}kT \tag{3.8}$$

このことを**エネルギー等分配の法則**という．したがって，分子運動のミクロな自由度が f である気体分子が N 個存在する場合には，マクロな内部エネルギーは，

$$U = N \cdot \frac{1}{2}kT \cdot f = n \cdot \frac{f}{2} N_\mathrm{A} kT = n \cdot \frac{f}{2} RT \tag{3.9}$$

と表される．

【演習 3.5】 単原子気体に関する気体分子運動論

剛体球として扱うことができる単原子気体からなる系において，エネルギー等分配の法則を誘導せよ．

〔解答〕
容器壁と衝突する気体分子の運動について考える．図 3.2 のシリンダー内を一辺 L の立方体容器と考え，その中に質量 m の気体分子が N 個存在するとする．これらの分子は容器壁面と (完全) 弾性衝突すると仮定する．このとき，図 3.2 の左下図のように，ある一つの分子が 1 回の衝突で x 軸に垂直な壁に与える力積 f_i は次

式で表される．
$$2m|v_x|$$
その分子が単位時間に壁に衝突する回数は
$$\frac{|v_x|}{2L}$$
単位時間に壁に与える力積は
$$2m|v_x| \times \frac{|v_x|}{2L}$$
すべての分子について加えると，図 3.2 の右下図のようになると考えられ，
$$\frac{\sum_i m|v_{i,x}|^2}{L} \Rightarrow PL^2$$
したがって，
$$PV = m\sum_i v_{i,x}^2$$
x 方向速度成分の 2 乗の N 個の分子についての平均
$$\langle v_x^2 \rangle \equiv \frac{\sum_i v_{ix}^2}{N}$$
また，等方性より，
$$\langle v_x^2 \rangle = \langle v_y^2 \rangle = \langle v_z^2 \rangle = \frac{\langle v^2 \rangle}{3}, \quad v_x^2 + v_y^2 + v_z^2 \equiv v^2$$
最終的に，
$$PV = \frac{2}{3}N\left\langle \frac{1}{2}mv^2 \right\rangle = \frac{2}{3}N\langle \varepsilon \rangle = \frac{2}{3}U$$
ここで，$\langle \varepsilon \rangle$ は分子 1 個の運動エネルギー ε の平均であり，全粒子の運動エネルギーはマクロな内部エネルギー U に等しい．

理想気体の状態方程式 $PV = NkT$ と比較して，
$$\langle \varepsilon \rangle = \left\langle \frac{1}{2}mv^2 \right\rangle = \frac{3}{2}kT$$
$$\left\langle \frac{1}{2}mv_x^2 \right\rangle = \left\langle \frac{1}{2}mv_y^2 \right\rangle = \left\langle \frac{1}{2}mv_z^2 \right\rangle = \frac{1}{2}kT \qquad ∎$$

【演習 3.6】 電磁波（空洞放射）の熱力学

電磁波における光子 (フォトン) の運動論より，温度 T の空洞放射のエネルギーを求めよ．

3.4 内部エネルギーに関する気体分子運動論

〔解答〕
電磁気学の理論によると，フォトンが物体に当たると圧力を及ぼすことが知られている．単位体積あたりの光子のエネルギー（エネルギー密度）$u = u(T)$ とすると，その圧力は

$$P = \frac{1}{3}u$$

で与えられる．一方，体積 V における光子のエネルギーは

$$U = Vu$$

6.3 節で学ぶマクスウェルの関係式を用いると，

$$\left(\frac{\partial U}{\partial V}\right)_T = T\left(\frac{\partial P}{\partial T}\right)_V - P$$

$$u = T\frac{1}{3}\frac{du}{dT} - \frac{u}{3}, \quad \frac{du}{u} = 4\frac{dT}{T} \quad \therefore \ u = aT^4$$

したがって，光子のエネルギー密度は絶対温度の 4 乗に比例する．この式を**ステファン–ボルツマンの法則**とよぶ． ■

3.4.2 気体分子運動論による気体の比熱の予測

気体の**比熱**は，分子の内部構造を簡単な模型で仮定して，分子運動論的に導かれたエネルギー等分配の法則を用いることにより予測することができる．複雑な分子構造の気体分子ほどミクロな自由度が大きく，分子はさまざまな励起モードをもつ．内部エネルギーは各モードに貯えられ，各励起モードは互いに独立に，かつ加法的に寄与する．定積比熱は，内部エネルギーを温度で微分することにより，式 (3.9) より，

$$c_v = \frac{1}{n}\left(\frac{\partial U}{\partial T}\right)_V = \frac{1}{n}\left(\frac{\partial U}{\partial T}\right)_V = \frac{f}{2}R \tag{3.10}$$

となる．

単原子分子では並進モード (3 個) のみであり，2 原子分子では並進モード (3 個)，回転モード (2 個) および振動モードがある．なお，振動モードはかなり高温（窒素分子，酸素分子で 2000〜3400 K，水素分子で 6100 K 程度）でのみ励起される．n 原子分子では並進モード (3 個)，回転モード（非直線分子：3 個，直線分子：2 個）および振動モード（非直線分子：$3n - 6$ 個，直線分子：$3n - 5$ 個）がある．なお，各分子とも，これ以外に種々の電子モードを有するが，極端な高温を除いて無視できる．まとめると，温度が回転モードの特性

温度より高く，振動モードのそれより低い場合，

$$単原子分子では，\quad c_v = \tfrac{3}{2}R, \quad c_p = \tfrac{5}{2}R \quad (3.11)$$

$$直線分子では，\quad c_v = \tfrac{5}{2}R, \quad c_p = \tfrac{7}{2}R \quad (3.12)$$

$$非直線分子では，\quad c_v = 3R, \quad c_p = 4R \quad (3.13)$$

気体，液体および固体の比熱の例を表 3.1 および表 3.2 に示す．ここで，**比熱比**は $\gamma \equiv c_p/c_v$ で定義される．

表 3.1 気体の定圧モル比熱と比熱比（1 気圧，水蒸気以外 0 °C）

物質	定圧モル比熱/気体定数	比熱比
ヘリウム	2.52	1.66
アルゴン	2.51	1.67
水素	3.45	1.41
窒素	3.50	1.40
酸素	3.52	1.40
一酸化炭素	3.51	1.40
水蒸気（400 K）	4.33	1.30
二酸化炭素	4.34	1.30
メタン	4.17	1.32
エタン	6.25	1.20

表 3.2 液体および固体の比熱

物質	温度 °C	定圧比熱 J/(kg·K)
パラフィン油	20	2130
水	25	4179.3
黄銅	0	387
ステンレス鋼 18Cr/8Ni	100	520
ポリエチレン	0	～1800
ガラス	10～50	～700
玄武岩	20～100	840～1000
木材	20	～1300
コンクリート	25	～800
ゴム	20～100	1100～2000

3.4 内部エネルギーに関する気体分子運動論

3.4.3 実在気体の比熱の近似式

比熱は実際には温度によって変化する．精密な熱計算を行う際には温度依存性を考慮した解析を行わなければならない．このため，各化学種 i の定圧比熱 $c_{p,i}$ に対して次式のような多項式による近似式が与えられている．

$$\frac{c_{p,i}}{R'_i} = a_{1i} + a_{2i}T + a_{3i}T^2 + a_{4i}T^3 + a_{5i}T^4 \qquad (3.14)$$

ここで，各成分の気体定数 $R'_i = R/M_i$ を用いた．したがって，この多項式の係数データを用意すればよい．なお，定圧比熱は，一定圧力下で，温度のみの関数と仮定し，実測値に対し，適当な温度範囲で最小二乗近似を施した温度の多項式で与える．なお，比熱は 1〜40 atm で数%しか変化しない．

【演習 3.7】 窒素の定圧比熱の近似式

窒素の定圧比熱の多項式近似式の係数を表 3.3 に示す．これを用いて定圧比熱の温度依存性を図示せよ．また，気体分子運動論による予測値と比較せよ．なお，表 3.3 の 6 および 7 番目の係数は演習 9.1 で用いる．

表 3.3 窒素の定圧比熱の多項式近似式の係数

温度範囲 (K)	$a_{1,\mathrm{N2}}$	$a_{2,\mathrm{N2}}$	$a_{3,\mathrm{N2}}$	$a_{4,\mathrm{N2}}$
300-1000	3.29868E+00	1.40824E-03	−3.96322E-06	5.64152E-09
1000-5000	2.92664E+00	1.48798E-03	−5.68476E-07	1.00970E-10

温度範囲 (K)	$a_{5,\mathrm{N2}}$	$a_{6,\mathrm{N2}}$	$a_{7,\mathrm{N2}}$
300-1000	−2.44485E-12	−1.02090E+03	3.95037E-00
1000-5000	−6.75335E-15	−9.22798E+02	5.98053E-00

〔解答〕

窒素の定圧比熱の温度依存性を図 3.3 に示す．

気体分子運動論による予測値は式 (3.12) より，$3.5R/M_{\mathrm{N2}} = 1039$ J/(kg·K) であり，常温付近で測定値とよく一致している．

3.4.4 気体分子の平均自由行程

気体分子運動論より，気体分子の平均的な速さは，二乗平均速度を用いて次式のように見積もることができる．

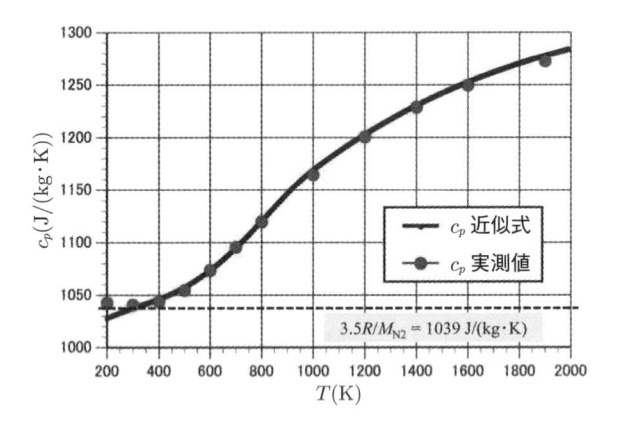

図 3.3 窒素の定圧比熱の温度依存性

$$v = \sqrt{\langle v^2 \rangle} = \sqrt{\frac{2\langle \varepsilon \rangle}{m}} = \sqrt{\frac{3kT}{m}} = \sqrt{\frac{3RT}{M}} \qquad (3.15)$$

気体分子は図 3.4 のように他の分子と衝突を繰り返している．簡単のために，左下にある 1 個の分子が速度 v で運動し，他の分子は静止していると考える．左下の分子は，Δt 時間で，底面が分子の半径 a の 2 倍の半径を持ち，長さが $v\Delta t$ の円柱の内部にその中心が入っている分子と衝突することになる．図 3.4

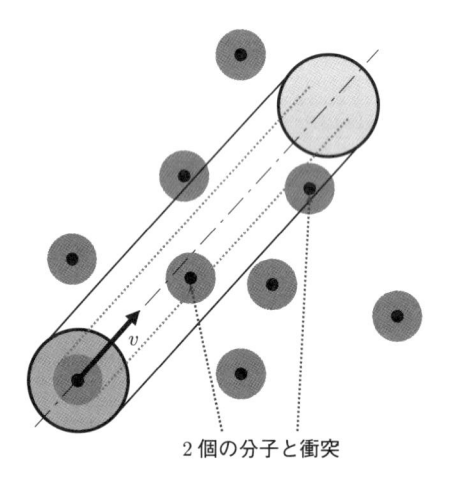

図 3.4 気体分子の衝突

3.4 内部エネルギーに関する気体分子運動論

の場合には 2 個の分子と衝突する．一般的には，分子の数密度 n により，分子の衝突回数は，

$$\pi(2a)^2 v \Delta t \times n \tag{3.16}$$

と表される．このとき，衝突の平均的な時間間隔は

$$\tau = \frac{1}{\pi(2a)^2 v n} \tag{3.17}$$

で表され，気体分子の**平均自由行程**は次式となる．

$$l = v\tau = \frac{1}{4\pi n a^2} \tag{3.18}$$

【演習 3.8】 気体分子の平均的な速さと平均自由行程

窒素分子について平均的な速さと平均自由行程を見積れ．また，窒素分子一個の質量を求めよ．なお，窒素分子の大きさを 0.375 nm とする．

〔解答〕

窒素分子のモル質量 M は 28.02 kg/kmol なので，式 (3.15) より 300 K では速さ $v = 0.517$ km/s である．また，すべての気体について，$v = 22.413996$ m^3/kmol {標準状態：101.325 kPa, 0°C} とされ，アボガドロ数は $6.02214179 \times 10^{26}$ kmol^{-1} なので，数密度 n は

$$\frac{6.02 \times 10^{26}}{22.4} \text{個/m}^3$$

したがって，式 (3.18) より，$l = 84.2$ nm となる．10^{-6} 気圧では $l = 84.2$ mm となる．窒素分子一個の質量は $28.02/(6.02 \times 10^{26}) = 4.65 \times 10^{-26}$ kg となる．■

【演習 3.9】 気体分子の平均的な分子間距離

窒素分子の平均的な分子間距離を見積もり，平均自由行程と比較せよ．

〔解答〕

分子 1 個あたりの占める体積は，

$$\frac{22.4}{6.02 \times 10^{26}} \text{ m}^3/\text{個}$$

よって，

$$\sqrt[3]{\frac{22.4}{6.02 \times 10^{26}}} = \sqrt[3]{\frac{22.4}{0.602}} \times 10^{-9} = 3.34 \text{ nm/個}$$

したがって，1 気圧下では，窒素分子は分子間距離の $84.2/3.34 = 25.2$ 倍程度飛ぶと他の分子に衝突することになる．■

【演習 3.10】 固体原子間の平均的な原子間距離

アルミニウムの平均的な原子間距離を見積もれ．

〔解答〕

アルミニウム原子の質量は 27 kg/kmol，アルミニウムの密度は 2700 kg/m³ 程度である．アボガドロ数は $6.02214179 \times 10^{26}$ kmol^{-1} なので，原子 1 個あたり

$$\frac{27}{6.02 \times 10^{26}} \text{ kg/個}$$

したがって，

$$\frac{\frac{27}{6.02 \times 10^{26}}}{2700} \text{ m}^3/\text{個}$$

よって，

$$\sqrt[3]{\frac{\frac{27}{6.02 \times 10^{26}}}{2700}} = 0.255 \text{ nm/個} = 2.55 \text{ Å/個}$$

このように，固体原子の原子間距離は気体の 10 分の 1 程度であり，この原子間距離はほぼ原子の大きさに対応する． ∎

3.4.5 分子速度の分布

前項のように，気体分子運動論より，気体分子の平均的な速さを見積もることができるが，気体分子の速度は同一ではなく，その分布は分子線を用いた気体分子の速度の測定から求められている．その様子が速度空間において模式的に図 3.5 の図 (a) のプロット点のように示されている．速度空間 (v_x, v_y, v_z) において，ミクロ（微視）とマクロ（巨視）の中間的な見方として，**粗視状態** $d^3\boldsymbol{v} = dv_x dv_y dv_z$ あるいは $dv, v \equiv |\boldsymbol{v}|$ を考える．

このような粗視状態について統計処理を行うことにより，下記のような速度分布関数が求められている．

速度 $\boldsymbol{v}$ に対する確率密度すなわち**マクスウェルの速度分布関数**は

$$f(\boldsymbol{v}) \equiv \frac{\frac{N(\boldsymbol{v})}{\Delta}}{N}$$

$$= \left(\frac{m}{2\pi kT}\right)^{\frac{3}{2}} \exp\left(-\frac{mv^2}{2kT}\right) \quad (3.19)$$

となり，速さ v に対する確率密度すなわち**速さに対するマクスウェルの分布関数**は

3.4 内部エネルギーに関する気体分子運動論

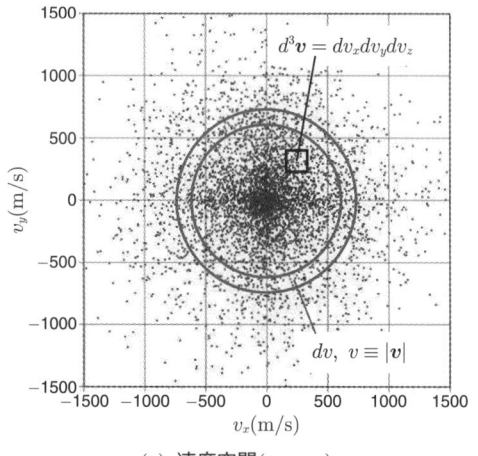

(a) 速度空間 (v_x, v_y, v_z)

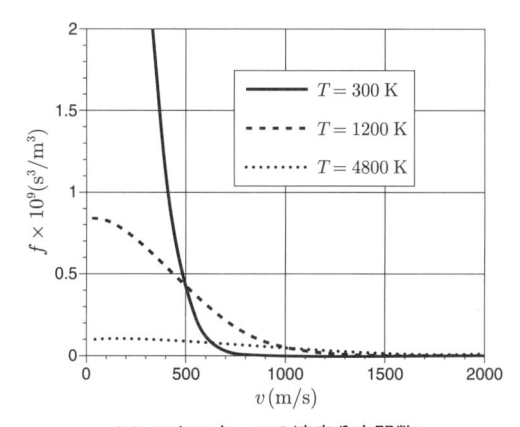

(b) マクスウェルの速度分布関数

図 3.5 速度空間における気体分子の分布

$$F(v) \equiv \frac{\dfrac{N(\boldsymbol{v})}{\Delta} \times 4\pi v^2 dv}{\dfrac{dv}{N}} = f(\boldsymbol{v}) \times 4\pi v^2$$

$$= 4\pi \left(\frac{m}{2\pi kT}\right)^{\frac{3}{2}} \exp\left(-\frac{mv^2}{2kT}\right) v^2 \quad (3.20)$$

となる.なお,確率なのでそれぞれ次式が成立する.

$$\int_{-\infty}^{\infty} f(\boldsymbol{v})d^3\boldsymbol{v} = 1, \quad \int_0^{\infty} F(v)dv = 1 \tag{3.21}$$

【演習 3.11】 速度分布関数の誘導

粗視状態について統計処理することにより速度分布関数を誘導せよ.

〔解答〕

三宅の教科書による誘導を紹介する.速度空間を粗視状態 $\boldsymbol{v}_i$ で区間分けし,各区間の体積を Δ,粒子数を $N(\boldsymbol{v}_i)$ と表す.区間 (i,j) の分子が衝突して区間 (l,m) に移る頻度を $P(lm,ij)N(\boldsymbol{v}_i)N(\boldsymbol{v}_j)$ と表す.このとき,熱平衡状態では,各区間の粒子数が分子の衝突によって変わらないことから,次式が成立する.

$$\sum_{l,m} P(lm,ij)N(\boldsymbol{v}_i)N(\boldsymbol{v}_j) = \sum_{l,m} P(ij,lm)N(\boldsymbol{v}_l)N(\boldsymbol{v}_m)$$

この式にさらに熱平衡の条件を適用し,運動量保存,弾性衝突条件,エネルギー保存,さらには気体の運動の等方性を適用すると,各区間の粒子数は運動エネルギー $\varepsilon = \frac{1}{2}mv^2$ の関数となり,次式を満足しなければならない.

$$N(\varepsilon_i)N(\varepsilon_0 - \varepsilon_i) = N(\varepsilon_l)N(\varepsilon_0 - \varepsilon_l)$$

ここで,ε_0 は衝突する 2 つの分子の運動エネルギーの和である.この式から $N(\varepsilon)N(\varepsilon_0 - \varepsilon)$ は ε_0 だけの関数となることがわかる.この式を ε で微分して整理すると,

$$\frac{dN(\varepsilon)}{d\varepsilon}N(\varepsilon_0 - \varepsilon) + N(\varepsilon)\frac{dN(\varepsilon_0 - \varepsilon)}{d\varepsilon} = 0,$$

$$\frac{1}{N(\varepsilon)}\frac{dN(\varepsilon)}{d\varepsilon} = \frac{1}{N(\varepsilon_0 - \varepsilon)}\frac{dN(\varepsilon_0 - \varepsilon)}{d(\varepsilon_0 - \varepsilon)} = -\beta$$

すなわち,

$$N(\varepsilon) = C\exp(-\beta\varepsilon)$$

全区間についての粒子数とエネルギーの和に対する条件は

$$N = \sum_i N(\varepsilon_i), \quad \langle \varepsilon \rangle = \frac{\sum_i \varepsilon_i N(\varepsilon_i)}{\sum_i N(\varepsilon_i)} = \frac{3}{2}kT$$

となる.

離散的な区間を連続的な区間に変換するには,

$$N(\varepsilon_i) \Rightarrow \frac{N(\varepsilon)d\varepsilon}{\Delta}$$

3.4 内部エネルギーに関する気体分子運動論

粒子数とエネルギーの和は，

$$N = \sum_i N(\varepsilon_i) \Rightarrow \frac{\int_0^\infty N(\varepsilon)d\varepsilon}{\Delta} = \frac{\int_0^\infty C\exp(-\beta\varepsilon)d\varepsilon}{\Delta}$$

$$= \frac{C\int_{-\infty}^\infty \int_{-\infty}^\infty \int_{-\infty}^\infty \exp\left(-\frac{1}{2}\beta m v^2\right) d^3\boldsymbol{v}}{\Delta}$$

$$= \frac{C\int_{-\infty}^\infty \int_{-\infty}^\infty \int_{-\infty}^\infty \exp\left(-\frac{1}{2}\beta m (v_x^2+v_y^2+v_z^2)\right) dv_x dv_y dv_z}{\Delta} = C\frac{\left(\frac{2\pi}{\beta m}\right)^{\frac{3}{2}}}{\Delta}$$

$$\langle\varepsilon\rangle = \frac{\sum_i \varepsilon_i N(\varepsilon_i)}{\sum_i N(\varepsilon_i)} \Rightarrow \frac{\left\{\int_0^\infty \varepsilon\, C\exp(-\beta\varepsilon)d\varepsilon\right\}}{\left\{\int_0^\infty C\exp(-\beta\varepsilon)d\varepsilon\right\}}$$

$$= -\frac{\partial}{\partial\beta}\left[\ln\left\{\int_0^\infty C\exp(-\beta\varepsilon)d\varepsilon\right\}\right]$$

$$= -\frac{\partial}{\partial\beta}\left[\ln\left\{\int_{-\infty}^\infty \int_{-\infty}^\infty \int_{-\infty}^\infty \exp\left(-\frac{1}{2}\beta m v^2\right) d^3\boldsymbol{v}\right\}\right]$$

$$= -\frac{\partial}{\partial\beta}\ln\left(\frac{2\pi}{\beta m}\right)^{\frac{3}{2}} = \frac{3}{2}\beta^{-1} = \frac{3}{2}kT$$

よって，

$$C = \left(\frac{\beta m}{2\pi}\right)^{\frac{3}{2}} N\Delta, \quad \beta = \frac{1}{kT}$$

各区間の粒子数：

$$N(\boldsymbol{v}) = N\left(\frac{m}{2\pi kT}\right)^{\frac{3}{2}} \exp\left(-\frac{mv^2}{2kT}\right)\Delta$$

速度 $\boldsymbol{v}$ に対する確率密度（マクスウェルの速度分布関数）：

$$f(\boldsymbol{v}) \equiv \frac{\frac{N(\boldsymbol{v})}{\Delta}}{N} = \left(\frac{m}{2\pi kT}\right)^{\frac{3}{2}} \exp\left(-\frac{mv^2}{2kT}\right)$$

速さ v に対する確率密度（速さに対するマクスウェルの分布関数）：

$$F(v) \equiv \frac{\frac{N(\boldsymbol{v})}{\Delta}\times 4\pi v^2 dv}{\frac{dv}{N}} = f(\boldsymbol{v})\times 4\pi v^2$$

$$= 4\pi\left(\frac{m}{2\pi kT}\right)^{\frac{3}{2}} \exp\left(-\frac{mv^2}{2kT}\right) v^2$$

【演習 3.12】 速さ v に対するマクスウェルの分布関数

窒素分子を剛体球と見なして,その速さ v に対するマクスウェルの分布関数を求め,温度 $T = 300$ K,1200 K および 4800 K における概形を示せ.また,速度分布関数と比較せよ.

〔解答〕

窒素分子一個の質量 m は 4.65×10^{-26} kg,ボルツマン定数 k は 1.3807×10^{-23} J/K として上式に代入すればよい.

速さ v に対するマクスウェルの分布関数を図 3.6 に示す.この分布関数は速さ 0 の近傍では 0 となり,ある有限の速さで最大値を有する.その最大となる速さは温度が高いほど大きく,最大値は小さくなり幅広く分布する.

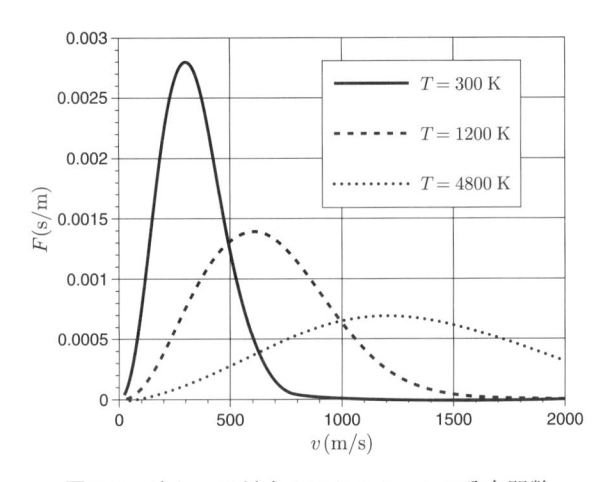

図 3.6 速さ v に対するマクスウェルの分布関数

これに対して,速度 $\boldsymbol{v}$ に対する確率密度関数は速度空間の原点で最大となり,その近傍で一様な分布となる.この分布はすでに図 3.5(b) に示した.

速さ v の任意の関数の平均値は次式で算出できる.

$$\langle A(v) \rangle = \int_0^\infty A(v) F(v) dv \tag{3.22}$$

【演習 3.13】 各種の速さの平均値

各種の速さの平均値を求めよ.また,マクスウェルの速度分布関数の極大点の速

さも求め，これらの大きさを比較せよ．

〔解答〕

式 (3.22) より，速さ v の平均二乗速度（二乗平均の平方根）は，

$$\sqrt{\int v^2 F(v) dv} \quad \rightarrow \quad \sqrt{\langle v^2 \rangle} = \sqrt{\frac{3kT}{m}}$$

速さ v の平均値は，

$$\int v F(v) \, dv \quad \rightarrow \quad \langle v \rangle = \sqrt{\frac{8kT}{\pi m}}$$

一方，分布関数が最大となる速さは，

$$\frac{\partial F}{\partial v} = 0 \quad \rightarrow \quad v_{\max} = \sqrt{\frac{2kT}{m}}$$

大きさの順番は

$$v_{\max} < \langle v \rangle < \sqrt{\langle v^2 \rangle}$$

となる．これは分布関数の裾野が速さの大きいほうで広がっていることによる．∎

3.5　準静的過程による熱力学第 1 法則の定式化

　ここで，**準静的過程**という概念を導入する．熱平衡状態は，示量変数を座標とする熱力学的状態空間における一つの超曲面で表される．系の状態変化が「無限に緩慢な操作による過程」で行われると，その過程では熱平衡状態を保ちながら変化すると考えられるので，この超曲面上の始状態と終状態を結ぶ任意の曲線で表される．このような変化の過程を準静的過程とよぶ．これに対して，実在する物理的過程は非平衡状態が出現しており，このような状態空間では表現できず，はるかに高い次元の空間が必要である．準静的過程では変化の時間や速度の概念がなく，系内の圧力は均一で，外から加えられた力に等しく，仕事は体積の変化のみと関係する．

　準静的過程に近接した実過程は，系の**緩和時間**より長い時間をかけて，系に加えられた束縛を順次ゆっくりと除去することにより実現できる．図 3.7 に示すようなピストン・シリンダー系を例として考えよう．この過程が準静的であるためには，ピストンによる圧縮の効果がシリンダー内の気体の全体積に行き渡っていなければならない．したがって，局所的な圧縮が気体全体に均一化されるのに要する時間が緩和時間と考えられ，

3章 熱力学第1法則と「内部エネルギー」および「熱」の導入

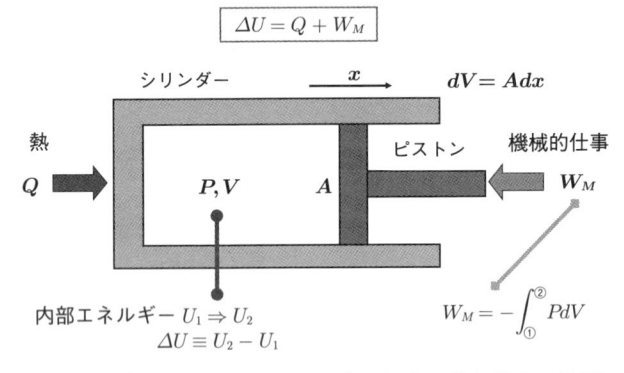

$$\Delta U = Q + W_M$$

図 3.7 ピストン・シリンダー系における熱力学第 1 法則

$$\tau \approx \frac{V^{\frac{1}{3}}}{c} \qquad V:体積,\ c:音速 \qquad (3.23)$$

と見積もられる.

図 3.7 のような**閉じた系**としてのピストン・シリンダー系に基づき,準静的過程による熱力学第 1 法則を定式化しよう.

無限小過程では,**準静的仕事**は次式で表され,

$$d'W_M = -PdV \qquad (3.24)$$

準静的熱は次式で表される.

$$d'Q = dU - d'W_M = dU + PdV \qquad (3.25)$$

次式で定義される**エンタルピー**を導入すると,

$$H \equiv U + PV \qquad (3.26)$$

上式の体積 V を P に置き換えることができ,

$$d'Q = dH - VdP \qquad (3.27)$$

となる.

単位物質量あたりでは,それぞれ,

$$d'q = du + Pdv \qquad (3.28)$$

$$d'q = dh - vdP \qquad (3.29)$$

と表される.

有限な過程では，上式を状態 ①〜② で積分して，

$$Q = U_2 - U_1 - W_M$$
$$Q = \int_①^② d'Q \tag{3.30}$$
$$W_M = \int_①^② d'W_M = -\int_{V_1}^{V_2} P dV$$

熱力学的な系の状態変化を考えるためには，注目している系を外界から**壁**を用いて分離し，この壁を通して外界からの作用を考慮する必要がある．この壁は系のどの状態量をある特定の値に束縛するかしないかによって以下のように分類される．

　　体積（仕事）　　……シリンダー・ピストン
　　モル数（物質）　……不透過壁，半透膜，穴のあいた壁
　　温度（エネルギー）……断熱壁，透熱壁

なお，状態量のみで表された式は，その誘導に準静的過程を使ったことは忘れて，状態量の間に存在する関係式の一つとして使ってよい．

3.6 開いた系に対する熱力学第1法則

開いた系の例として，図 3.8 のようなジュール–トムソンの実験がある．この実験は，断熱された管路に定常的に気体を流し，流動抵抗としての細孔栓前後で気体の温度を測定するというものである．この実験で測定された温度の変化は極めてわずかであったという結果が得られている．

開いた系では熱力学第1法則がそのままでは適用できないので，図に示すように管路の流入口と流出口にピストンを設置して閉じた系に置き換える．このとき，外から加えられた仕事は，流入口と流出口でそれぞれ圧力は一定なので，

$$P_1 V_1 - P_2 V_2 \tag{3.31}$$

したがって，熱力学第1法則は，断熱系なので，

$$U_2 - U_1 = P_1 V_1 - P_2 V_2 \tag{3.32}$$

図 3.8 ジュール–トムソンの実験

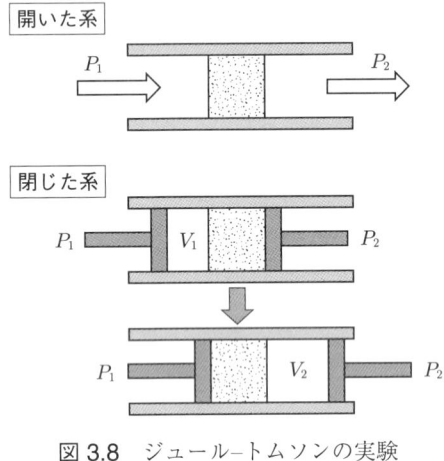

すなわち，

$$U_1 + P_1V_1 = U_2 + P_2V_2$$
$$H_1 = H_2$$
(3.33)

このように，この過程ではエンタルピー一定になり，ジュール–トムソン過程とよばれている．

【演習 3.14】 ジュール–トムソンの実験の流路系の一般化

このジュール–トムソンの実験の流路系を一般化し，図 3.9 に示すように，系に加えられた熱量 q および系に加えられた**工業仕事** w_t を考慮した場合について考察せよ．ここで，工業仕事とは，外から加えられた仕事から開いた系の流入・流出口における仕事を差し引いたものである．

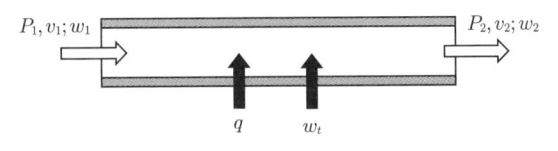

図 3.9 定常流れの開いた系

3.6 開いた系に対する熱力学第1法則

〔解答〕
このような系では，流体力学における**ベルヌーイの定理**を拡張した次式

$$q = \left(h_2 + \frac{w_2^2}{2} + gz_2\right) - \left(h_1 + \frac{w_1^2}{2} + gz_1\right) - w_t$$

が成立することが知られている．ここで，速度を w，高さ方向位置を z で表した．なお，図 3.9 では高さ方向は考慮せず位置エネルギーは無視している．

質量保存の関係から質量流量はすべての断面で等しい．上式は，無限小過程では，運動エネルギー，位置エネルギーを無視して，

$$d'q = dh - d'w_t$$

となる．閉じた系の式

$$d'q = du + Pdv = dh - vdP$$

と比較して，

$$d'w_t = vdP$$

となることがわかる．また，系に加えられた熱量 q および系に加えられた工業仕事 w_t を無視すれば，ジュール–トムソン過程に帰着する． ■

ジュール–トムソン過程（エンタルピー一定の過程）においては，理想気体では気体の温度が変化しないということが実験によって確かめられている．実在気体では，一般に，初めの温度が十分低いときには温度が低下することが知られており，これを**ジュール–トムソン効果**とよび，次式で定義される**ジュール–トムソン係数**が正ならば冷却が生じる．

$$\mu_{\mathrm{JT}} \equiv \lim_{\Delta P \to 0} \frac{\Delta T}{\Delta P} = \left(\frac{\partial T}{\partial P}\right)_H \tag{3.34}$$

実際に，この効果を利用して気体を液化する装置が使われている．1908 年にはこの効果を利用してヘリウムの液化できる温度 0.9 K が達成されている．

【演習 3.15】 ファン・デル・ワールス気体におけるジュール–トムソン係数
ファン・デル・ワールス気体におけるジュール–トムソン係数を求めよ．
〔解答〕
式 (3.34) を式 (1.12) を用いて変形し，次に後出のエントロピー S を導入して式 (1.13) を用いて変形し，さらに式 (6.7) および (6.8) を適用すると，

$$\left(\frac{\partial T}{\partial P}\right)_H = -\frac{\left(\frac{\partial H}{\partial P}\right)_T}{\left(\frac{\partial H}{\partial T}\right)_P} = -\frac{\left(\frac{\partial H}{\partial P}\right)_S + \left(\frac{\partial H}{\partial S}\right)_P \left(\frac{\partial S}{\partial P}\right)_T}{C_P}$$

$$= -\frac{1}{C_P}\left[V - T\left(\frac{\partial V}{\partial T}\right)_P\right] = \frac{V}{C_P}[\alpha T - 1]$$

ファン・デル・ワールス方程式より，

$$\alpha = \frac{1}{V}\left(\frac{\partial V}{\partial T}\right)_P = \frac{1}{V}\frac{nR}{\dfrac{nRT}{V-nb} - \dfrac{2n^2a}{V^3}(V-nb)} = \frac{1}{v}\frac{R}{\dfrac{RT}{v-b} - \dfrac{2a}{v^3}(v-b)}$$

したがって，

$$\mu_{\mathrm{JT}} = \frac{v}{c_P}[\alpha T - 1] = \frac{v}{c_P}\left[\frac{1}{v}\frac{R}{\dfrac{RT}{v-b} - \dfrac{2a}{v^3}(v-b)} T - 1\right]$$

$$= \frac{v}{c_P}\left[\frac{1}{v}\frac{RT - v\dfrac{RT}{v-b} + \dfrac{2a}{v^3}v(v-b)}{\dfrac{RT}{v-b} - \dfrac{2a}{v^3}(v-b)}\right] = \frac{\dfrac{2a}{v^2}(v-b) - RT\dfrac{b}{v-b}}{c_P\left\{\dfrac{RT}{v-b} - \dfrac{2a}{v^3}(v-b)\right\}}$$

$$= \frac{b}{c_P}\frac{Z - T}{T - \dfrac{b}{v}Z}, \quad Z = \frac{2a}{Rb}\left(\frac{v-b}{v}\right)^2$$

冷却が起こるためには，

$$\frac{b}{v}Z < T < Z$$

∎

【演習 3.16】 水蒸気のジュール–トムソン係数

例として，水蒸気のジュール–トムソン係数を図示せよ．

〔解答〕

水蒸気のジュール–トムソン係数とモル体積および絶対温度との関係を図 3.10 に示す．図 (a) はジュール–トムソン係数を絶対温度をパラメータとして示したものであり，図 (b) は絶対温度とモル体積の平面上で示したものである．上式の Z および bZ/v ($<Z$) の値はモル体積 v が b のとき 0 であるが，v とともに大きくなり，ある v の値で T が Z よりも小さく bZ/v よりも大きくなる．このときジュール–トムソン係数は正となる．なお，T が bZ/v に等しくなったとき分母が 0 となるため，特異な変化になることに注意せよ．通常は，このモル体積を圧力で換算して表示することにより，気体冷却可能領域が示されている． ∎

3.6 開いた系に対する熱力学第1法則　　　　　　　　　　　　　　　59

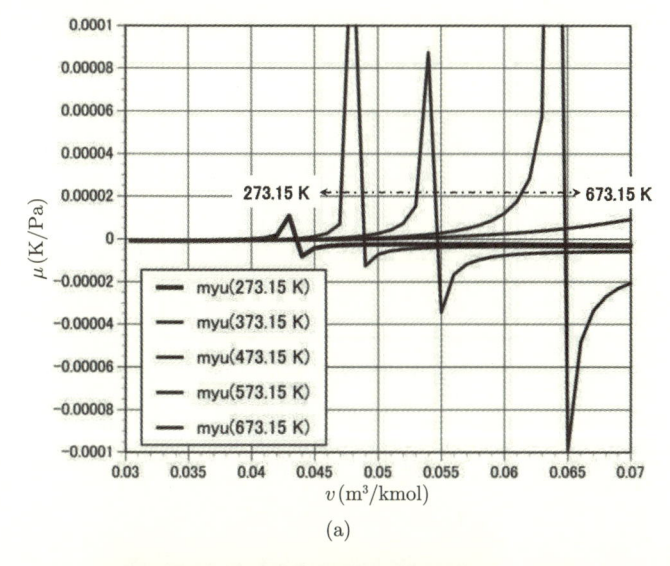

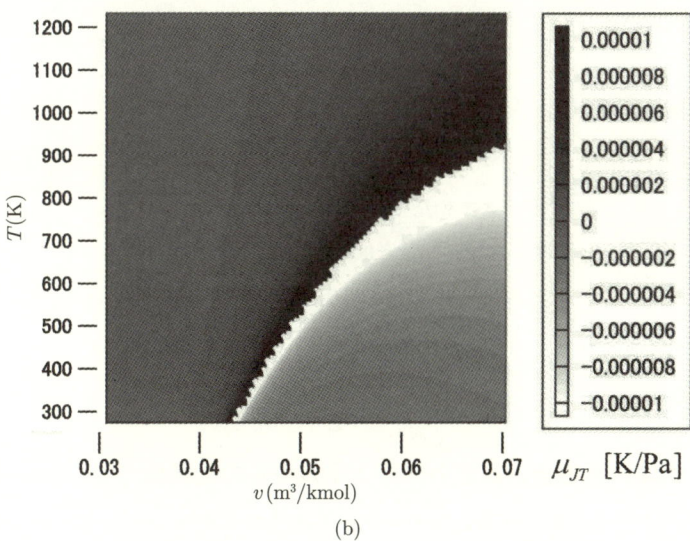

(a)

(b)

図 3.10　水蒸気のジュール–トムソン係数

【演習 3.17】　過渡半流れ系

図 3.11 に示すような**過渡半流れ系**において，圧力 P_a，温度 T_a および比体積 v_a の環境内に置かれた小さな容器に質量 m_a の気体を押し込むことを考える．なお，

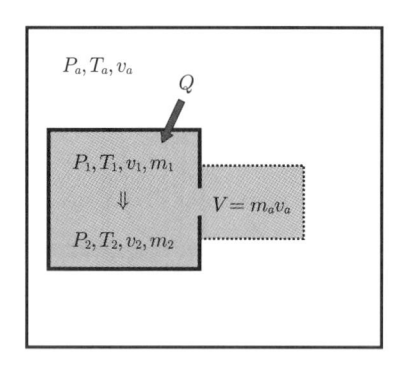

図3.11 過渡半流れ系

この際，環境から熱量 Q が小さな容器に加えられるとする．小さな容器の押し込む前の圧力，温度，比体積および質量を P_1, T_1, v_1 および m_1 とするとき，押し込まれた後の状態 P_2, T_2, v_2 および m_2 を求めよ．

〔解答〕
質量の保存より，
$$m_2 = m_1 + m_a$$
熱力学第1法則より，内部エネルギー $U = um$ を用いて，
$$U_2 - (U_1 + m_a u_a) = P_a V + Q$$
$$u_2 m_2 - u_1 m_1 = (u_a + P_a v_a) m_a + Q$$
内部エネルギーが温度の関数，たとえば
$$du = c_v dT$$
と表されるとすれば，押し込まれた後の状態が定まる． ∎

3.7 気体の断熱自由膨張と内部エネルギーの体積依存性

理想気体の基本的な性質として内部エネルギーの体積依存性について説明する．理想気体の状態方程式はすでに 2.1 節で述べたように，
$$PV = nRT \tag{3.35}$$
と表される．

ここで，理想気体のもうひとつの性質として，内部エネルギーは温度のみの

3.7 気体の断熱自由膨張と内部エネルギーの体積依存性

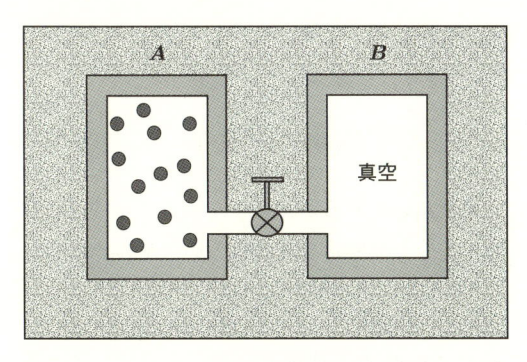

図 3.12 ジュールの断熱自由膨張に関する実験

関数であり，体積に依存しないという経験的に得られた**ジュールの法則**がある．このとき，次式が成立する．

$$\left(\frac{\partial U}{\partial V}\right)_T = 0 \tag{3.36}$$

この式は図 3.12 に示す**ジュールの断熱自由膨張に関する実験**といわれる，最初は真空であった容器中へ膨張する**断熱自由膨張過程**，すなわち内部エネルギー一定の過程において気体の温度が変化しないという実験によって確かめられている．

【演習 3.18】 ジュールの断熱自由膨張に関する実験

ジュールの断熱自由膨張に関する実験によりジュールの法則を導出せよ．
〔解答〕
ジュールの断熱自由膨張に関する実験では，左側の容器に封入された気体をバルブを開くことにより右側の真空の容器に膨張させる．これらの容器は剛体でできており，外部とは断熱されている．したがって，熱力学第 1 法則より，この膨張の前後で気体の内部エネルギーが変化しない．膨張の前後で温度を測定したところ，その変化は極めてわずかであった．すなわち，

$$\left(\frac{\partial T}{\partial V}\right)_U = 0$$

この式に偏微分の公式を適用すると，ジュールの法則の式 (3.36) が得られる．∎

3.8 熱容量と熱容量を用いた熱力学第 1 法則の表現

熱容量 C は次式のように定義されている.

$$C_{過程} \equiv \left(\frac{d'Q}{dT}\right)_{過程} \tag{3.37}$$

熱容量は一般には過程に依存するが，過程を指定すれば状態量になる．単位質量あるいはモル数あたりの熱容量を**比熱**あるいは**モル比熱**とよぶ．

$$c = \frac{C}{G} \quad \text{あるいは} \quad \frac{C}{n} \tag{3.38a,b}$$

内部エネルギー U を温度 T と体積 V の関数と考え，U の全微分表示を熱力学第 1 法則に代入することにより，

$$d'Q = \left(\frac{\partial U}{\partial T}\right)_V dT + \left\{\left(\frac{\partial U}{\partial V}\right)_T + P\right\} dV \tag{3.39}$$

この式を熱容量の定義式に代入すると，

$$\begin{aligned} C_{過程} &\equiv \left(\frac{d'Q}{dT}\right)_{過程} \\ &= \left(\frac{\partial U}{\partial T}\right)_V + \left\{\left(\frac{\partial U}{\partial V}\right)_T + P\right\}\left(\frac{\partial V}{\partial T}\right)_{過程} \end{aligned} \tag{3.40}$$

式 (3.40) より，**定積熱容量**は次式で表される．

$$C_V \equiv \left(\frac{d'Q}{dT}\right)_V = \left(\frac{\partial U}{\partial T}\right)_V \tag{3.41}$$

一方，**定圧熱容量**は次式で表される．

$$\begin{aligned} C_P &\equiv \left(\frac{d'Q}{dT}\right)_P \\ &= C_V + \left\{\left(\frac{\partial U}{\partial V}\right)_T + P\right\}\left(\frac{\partial V}{\partial T}\right)_P \end{aligned} \tag{3.42}$$

また，エンタルピーで表した熱力学第 1 法則より，

$$C_P = \left(\frac{\partial H}{\partial T}\right)_P \tag{3.43}$$

となる．

3.9 理想気体における比熱

理想気体の状態方程式とジュールの法則 $(\partial U/\partial V)_T = 0$ を式 (3.42) に代入すると，定積熱容量および定圧熱容量について，次式で表される関係が導かれる．

$$C_P - C_V = nR \tag{3.44}$$

比熱比 γ を用いれば，定積熱容量および定圧熱容量は次式で表される．

$$C_V = \frac{1}{\gamma - 1}nR, \quad C_P = \frac{\gamma}{\gamma - 1}nR \tag{3.45}$$

内部エネルギーおよびエンタルピーの変化は次式で与えられる．

$$dU = C_V dT, \quad dH = C_P dT \tag{3.46}$$

特に，熱容量が一定の場合には，積分することにより，内部エネルギーおよびエンタルピーは温度と比例的であることがわかる．

$$U = C_V(T - T_0) + U_0, \quad H = C_P(T - T_0) + H_0 \tag{3.47}$$

【演習 3.19】 理想気体における比熱に関する公式

理想気体における比熱に関する公式 (3.44), (3.45), (3.46) および (3.47) を導け．
〔解答〕
明らか． ∎

3.10 理想気体の状態変化

理想気体からなる系の状態変化について調べよう．

まず，**等温変化**では，内部エネルギーは変化しないので，熱力学第 1 法則より，系に外から加えた仕事は，系が外へ放出した熱量に等しくなる．

断熱変化では，系に外から加えた仕事は，すべて系の内部エネルギーを変化させるのに使われる．また，比熱が一定ならば，与えられた仕事量は系の温度変化に比例する．

$$d'W_M = C_V dT, \quad W_M = C_V(T - T_0) \tag{3.48}$$

したがって，理想気体の場合には，断熱膨張により気体の温度が低下すること

がわかる．これは，前述の断熱自由膨張過程とは異なることに注意しなければならない．また，準静的な断熱変化の場合には，**ポアッソンの方程式**とよばれる次式が成立する．

$$PV^\gamma = 一定, \quad P_1V_1^\gamma = P_2V_2^\gamma \tag{3.49}$$

ここで，γ は比熱比である．なお，状態方程式より，

$$\begin{aligned} TV^{\gamma-1} &= 一定, & T_1V_1^{\gamma-1} &= T_2V_2^{\gamma-1} \\ P^{1-\gamma}T^\gamma &= 一定, & P_1^{1-\gamma}T_1^\gamma &= P_2^{1-\gamma}T_2^\gamma \end{aligned} \tag{3.50}$$

【演習 3.20】 ポアッソンの方程式の誘導
ポアッソンの方程式を誘導せよ．
〔解答〕
熱力学第 1 法則 $d'q = du + Pdv$ に，

$$d'q = 0, \quad du = c_V dT, \quad P = \frac{RT}{v}$$

を代入して，

$$c_V dT = -\frac{RT}{v}dv \quad \therefore \quad \frac{dT}{T} = -\frac{c_P - c_V}{c_V}\frac{dv}{v} = -(\gamma - 1)\frac{dv}{v}$$

よって，比熱比 γ が一定として両辺を積分するとポアッソンの方程式が得られる．■

ここで，ポアッソンの方程式の比熱比 γ を任意のパラメータ n に置き換えた式に従う状態変化である**ポリトロープ変化**についてまとめておく．

$$\begin{aligned} Pv^n &= 一定 = C \quad P_1v_1^n = P_2v_2^n \\ n &= 0 \to P = \text{const.} \\ n &= 1 \to T = \text{const.} \\ n &= \gamma \to Pv^\gamma = \text{const.} \\ n &= \pm\infty \to v = \text{const.} \end{aligned} \tag{3.51}$$

この式により，気体の種々の準静的変化を統一的に表現できる．ここで，n を**ポリトロープ指数**という．このとき，気体が外にした仕事は次式で表される．

3.10 理想気体の状態変化

$$\begin{aligned}
-d'w = Pdv &= Cv^{-n}dv \\
&= \frac{C}{-n+1}d(v^{-n+1}) = \frac{1}{-n+1}d(Pv) \\
&= \frac{R}{-n+1}dT \quad (n \neq 1) \\
&= RTd(\ln v) = -RTd(\ln P) \quad (n = 1)
\end{aligned} \tag{3.52}$$

また,外から加えられた熱は次式で表される.

$$\begin{aligned}
d'q &= du - d'w \\
&= c_V dT + \frac{R}{-n+1}dT = c_n dT \quad (n \neq 1) \\
&= -d'w \quad (n = 1) \\
c_n &\equiv \left(\frac{d'q}{dT}\right)_n = \frac{-n+\gamma}{-n+1}c_V
\end{aligned} \tag{3.53}$$

ここで,c_n はポリトロープ比熱とよばれている.c_n と n の関係を図 3.13 に示すが,等温変化では $\pm\infty$,断熱変化では 0 となり,$n = 1 \sim \gamma$ では負になる.このように,比熱は状態変化の過程によっては負になることがあるが,後に学ぶ熱力学的系の安定性に関する熱力学不等式より定積比熱や定圧比熱は必ず正

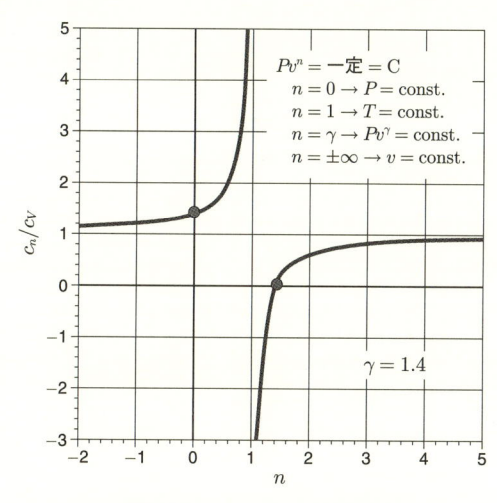

図 3.13 ポリトロープ比熱

になることは証明されている．

なお，次章で導入される状態量であるエントロピーの変化は次式で表される．

$$\begin{aligned}
ds &= \frac{d'q}{T} \\
&= c_n \frac{dT}{T} = c_n d(\ln T) \\
&= c_V \frac{dT}{T} + R\frac{dv}{v} = c_V d(\ln T) + R d(\ln v) \\
&= c_P \frac{dT}{T} - R\frac{dP}{P} = c_P d(\ln T) - R d(\ln P) \\
&= c_P \frac{dv}{v} + c_V \frac{dP}{P} = c_P d(\ln v) + c_V d(\ln P)
\end{aligned} \quad (3.54)$$

各種の状態変化における過程を Pv 線図，Tv 線図および Ts 線図上で図 3.14 に示す．図からわかるように，同一の状態から同じ体積まで膨張させる場合，断熱変化と等温変化では，後者のほうが外部に対して大きな仕事をすることがわかる．

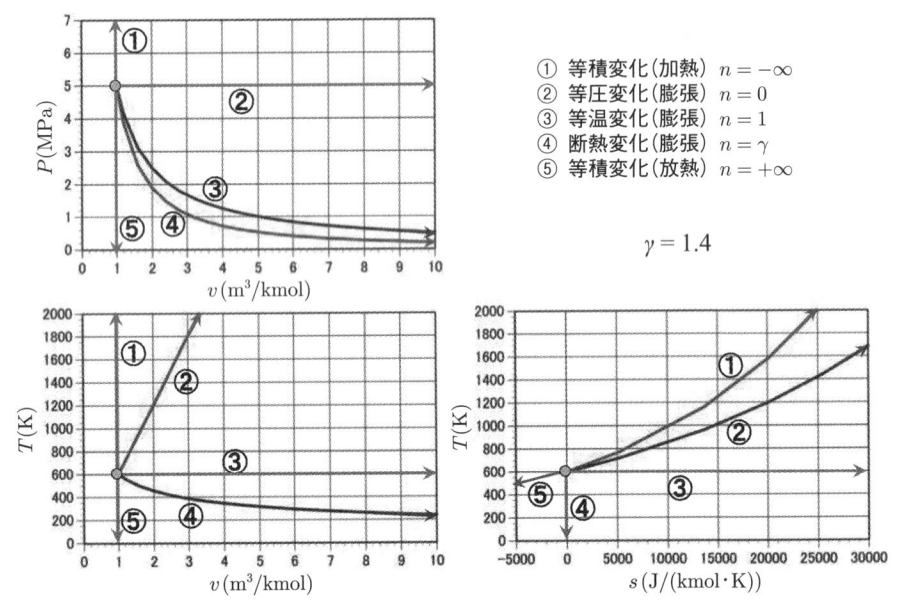

① 等積変化（加熱） $n = -\infty$
② 等圧変化（膨張） $n = 0$
③ 等温変化（膨張） $n = 1$
④ 断熱変化（膨張） $n = \gamma$
⑤ 等積変化（放熱） $n = +\infty$

$\gamma = 1.4$

図 3.14　各種の状態変化における過程の Pv 線図，Tv 線図および Ts 線図

3.10 理想気体の状態変化

【演習 3.21】 理想気体からなる系の断熱変化と等温変化における仕事

理想気体からなる系の断熱変化と等温変化において，外部にする仕事の大きさを式的に比較せよ．

〔解答〕

式的には次式のように証明できる．

$$\{-w|_T\} - \{-w|_S\} = \int_{v_A}^{v_B} \frac{RT_A}{v} dv - \int_{v_A}^{v_B} \frac{RT_A v_A^{\gamma-1}}{v^\gamma} dv$$

$$= RT_A \int_{v_A}^{v_B} \left\{ 1 - \left(\frac{v_A}{v}\right)^{\gamma-1} \right\} \frac{1}{v} dv > 0$$

なお，断熱膨張過程では，温度が低下するので，圧力がより小さくなる．等温過程では，熱を吸収するので，その分の仕事が増えるというのは不十分な説明である． ∎

【演習 3.22】 理想気体からなる系の状態変化の Pv 線図，Tv 線図および Ts 線図

理想気体からなる系の状態変化において次式が成立することを示し，各過程の Pv 線図，Tv 線図および Ts 線図を示せ．

$$\left(\frac{\partial P}{\partial v}\right)_n = -\frac{P}{v}n, \qquad \left(\frac{\partial^2 P}{\partial v^2}\right)_n = \frac{P}{v^2}n(n+1)$$

$$\left(\frac{\partial T}{\partial v}\right)_n = -\frac{T}{v}(n-1), \qquad \left(\frac{\partial^2 T}{\partial v^2}\right)_n = \frac{T}{v^2}(n-1)n$$

$$\left(\frac{\partial T}{\partial s}\right)_n = \frac{T}{c_n}, \qquad \left(\frac{\partial^2 T}{\partial s^2}\right)_n = \frac{T}{c_n^2}$$

〔解答〕

ポリトロープ変化を表す式 (3.51) を微分し，理想気体の状態方程式を用いて変形することにより得られる．したがって，

$$\left(\frac{\partial P}{\partial v}\right)_n \leq 0, \qquad \left(\frac{\partial^2 P}{\partial v^2}\right)_n \geq 0$$

$$\left(\frac{\partial T}{\partial v}\right)_n \begin{cases} \geq 0 \ (n \leq 1) \\ \leq 0 \ (n \geq 1) \end{cases}, \qquad \left(\frac{\partial^2 T}{\partial v^2}\right)_n \begin{cases} \leq 0 \ (0 \leq n \leq 1) \\ \geq 0 \ (n \leq 0,\ n \geq 1) \end{cases}$$

$$\left(\frac{\partial T}{\partial s}\right)_n \begin{cases} \geq 0 \ (n \leq 1, n > \gamma) \\ \leq 0 \ (1 \leq n < \gamma) \end{cases}, \qquad \left(\frac{\partial^2 T}{\partial s^2}\right)_n \geq 0$$

となり，各過程の曲線の傾きと凹凸がわかる．結果を図 3.14 に示した． ∎

【演習 3.23】 理想気体からなる系の状態変化

理想気体からなる系の状態変化について以下の問に答えよ.
1) 等温変化では，系に外から加えた仕事は，系が外へ放出した熱量に等しいことを示せ．
2) 断熱変化では，系に外から加えた仕事は，系の温度変化に比例することを示せ．ただし，比熱は一定とする．
3) 断熱変化では次式が成立することを証明せよ．

$$W = C_V(T - T_0) = C_V T_0 \left[\left(\frac{V_0}{V} \right)^{\gamma-1} - 1 \right]$$

4) 理想気体の場合には，断熱膨張により気体の温度が低下することを説明せよ．

〔解答〕
省略

【演習 3.24】 断熱圧縮過程

空気の定積モル比熱はほとんど温度によらず，$2.5R$ である．290 K の空気を圧力が 10 倍になるまで断熱的に圧縮したときの温度とモルあたりの仕事を求めよ．

〔解答〕
式 (3.50) および式 (3.52) より,

$$T = T_0 \left(\frac{P}{P_0} \right)^{1-1/\gamma}, \quad \gamma = \frac{c_p}{c_v} = \frac{2.5R + R}{2.5R} = \frac{7}{5},$$

$$T = 290 \times 10^{2/7} \cong 560 \text{ K}$$

$$w = \Delta u = c_v (T - T_0) = 2.5 \times 8.314472 \times (560 - 290)$$

$$= 5.61 \times 10^3 \text{ J/mol}$$

【演習 3.25】 定積加熱

密閉されている容器内に入っている空気を 20 °C から 100 °C まで加熱したとき，空気 1 kg あたりに要した熱はいくらか．ただし，空気の定積比熱 $c_v = 0.7171$ kJ/(kg·K) とする．

〔解答〕
密閉容器内の空気は加熱されても膨張しないので体積一定であり，したがって空気の加熱に要した熱は，式 (3.53) より，定積比熱を用いて

$$q_{12} = c_v(t_2 - t_1) = 0.7171 \times (100 - 20) = 57.37 \text{ kJ/kg}$$

3.10 理想気体の状態変化

【演習 3.26】 断熱圧縮

よく断熱されたシリンダー内の空気を圧縮したとき,空気の温度は 20 °C から 100 °C に上昇した.このとき空気 1 kg の圧縮のために外からなされた仕事を求めよ.

〔解答〕
空気の定積比熱を一定として,熱力学第 1 法則を積分すると

$$q_{12} = c_v(t_2 - t_1) - w_{12}$$

シリンダーはよく断熱されているから,外部との間に熱交換がなく $q_{12} = 0$ である.ゆえに圧縮に要した仕事 w_{12} は

$$w_{12} = c_v(t_2 - t_1) = 0.7171 \times (100 - 20) = 57.37 \text{ kJ/kg}$$ ■

【演習 3.27】 ポリトロープ変化による膨張

空気 ($c_v = 0.7171$ kJ/(kg·K), $R' = 0.2872$ kJ/(kg·K)) 1 kg が初状態 $P_1 = 5$ bar, $v_1' = 0.2$ m³/kg より,終状態 $P_2 = 1.25$ bar, $v_2' = 0.6$ m³/kg までポリトロープ変化による膨張をするときのエントロピーの増加,外部になした仕事,加えられた熱およびポリトロープ指数 n を求めよ.

〔解答〕
空気の定圧比熱 $c_p = c_v + R' = 0.7171 + 0.2872 = 1.0043$ kJ/(kg·K), $\gamma = c_p/c_v = 1.0043/0.7171 = 1.401$ である.

エントロピーは,式 (3.54) より,

$$s_2 - s_1 = c_v \ln(P_2/P_1) + c_p \ln(v_2'/v_1')$$
$$= -0.7171(5/1.25) + 1.0043 \ln(0.6/0.2)$$
$$= -0.9941 + 1.1031 = 0.1090 \text{ kJ/(kg·K)}$$

ポリトロープ指数 n の値は,$(v_2'/v_1')^n = P_1/P_2$ の関係から

$$n = \frac{\ln(P_1/P_2)}{\ln(v_2'/v_1')} = \frac{\ln(5/1.25)}{\ln(0.6/0.2)} = \frac{1.3863}{1.0986} = 1.262$$

ポリトロープ比熱は,式 (3,53) より,

$$c_n = c_v(n - \gamma)/(n - 1) = 0.7171 \times (1.262 - 1.401)/(1.262 - 1)$$
$$= -0.3763 \text{ kJ/(kg·K)}$$

仕事は,式 (3.52) より,

$$-w_{12} = \frac{R'}{-n+1}(T_2 - T_1) = \frac{c_P - c_v}{-n+1}(T_2 - T_1)$$

$$= \frac{c_P - c_v}{-n+1}\left(\frac{P_2 v'_2}{R'} - \frac{P_1 v'_1}{R'}\right) = \frac{P_2 v'_2 - P_1 v'_1}{-n+1}$$

$$= \frac{1.25 \times 0.6 - 5 \times 0.2}{-1.262 + 1}$$

$$= 0.9542 \text{ bar·m}^3/\text{kg} = 95.4 \text{ kJ/kg}$$

熱は，式 (3.53) より，

$$q_{12} = c_n(T_2 - T_1) = c_n\left(\frac{P_2 v'_2}{R'} - \frac{P_1 v'_1}{R'}\right)$$

$$= \frac{-0.3763}{0.2872} \times (1.25 \times 0.6 - 5 \times 0.2)$$

$$= 0.3276 \text{ bar·m}^3/\text{kg} = 32.76 \text{ kJ/kg} \qquad ■$$

問題 3

3.1　ジュールの実験に基づき内部エネルギーおよび熱の概念がどのようにして導入され，熱力学第 1 法則が確立されたか説明せよ．

3.2　内部エネルギーに関する気体分子運動論におけるエネルギー等分配の法則について説明し，これによって，気体の比熱がどのように予測されるようになったか説明せよ．

3.3　気体の分子速度に関するマクスウェルの分布関数について説明せよ．

3.4　準静的過程の考え方について説明せよ．

3.5　開いた系に対する熱力学第 1 法則について説明せよ．

3.6　気体の断熱自由膨張について説明し，これにより気体にどのような性質が付け加えられたか説明せよ．

3.7　理想気体の各種の状態変化における過程を Pv 線図，Tv 線図および Ts 線図により表示せよ．

4章 熱力学第2法則と「エントロピー」の導入

　熱機関の性能に関連して熱力学第2法則について説明し，この法則の帰結であるクラウジウスの不等式を用いてエントロピーが導入されることを示す．また，この法則に基づき，エントロピー増大の原理，熱平衡条件，および不可逆過程と可逆過程について説明する．さらに，熱機関の最も基本的なサイクルであるカルノーサイクルについて述べ，このサイクルに基づいて熱力学温度が定義されることを示し，最後に，熱力学第3法則についても説明する．

4.1　熱機関

　熱を利用して仕事を行う機械を**熱機関**とよび，古くは蒸気機関，蒸気機関車があり，現在では自動車・航空機・ロケットのエンジン，火力発電所や原子力発電所，自然エネルギーである地熱，太陽熱，海洋熱を利用した発電設備等がある．これらはエネルギー源が異なる場合があるが，これらの熱機関の基本原理はすべて同じである．すなわち，継続的に外部に仕事をするために**サイクル**を構成し，状態変化を行う媒体である**作動流体**からなる系が，高温熱源から熱を受け取り，低温熱源に一部の熱を捨て去り，残りの熱に相当する仕事を取り出している．

　熱力学では，この基本原理に関係する要素のみを取り出して議論するために，図4.1に示すように，作動流体からなる系と，その系と熱および仕事のやり取りを行う**熱源**および**仕事源**を考える．なお，熱源は系に比べ十分大きな熱容量を有しており，その温度は一様でかつ不変であると考える．また，熱源との熱のやり取りにおいてはいかなる損失もないと考える（後述の可逆過程と見なす）．サイクルにおいて多数の異なる温度や連続的な温度変化が現れる場合には，複

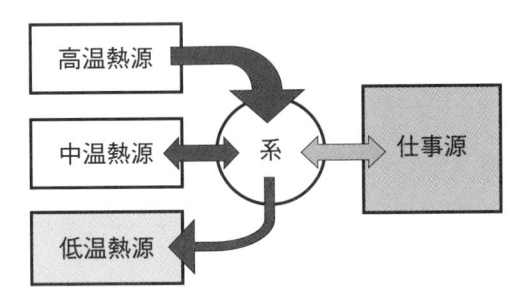

図 4.1 熱機関の基本原理

数あるいは無限個の熱源を用いる必要がある.

たとえば，自動車のエンジンの場合には，図 4.2 に示すように，作動流体はピストン・シリンダー系の中に存在する気体であり，これは初めは燃料と空気からなる予混合気であるが，燃焼後は燃焼ガスに置き換わる．また，高温熱源からは予混合気の燃焼反応による燃焼熱が供給され，低温熱源へは燃焼ガスが大気中に排出されることによる排熱が放出される．通常は，給熱および放熱の際に作動流体の温度は連続的に変化するので，色々な温度の無限個の熱源を用意することとなる．さらに，仕事源は車軸側であり，ピストンからの膨張仕事を受け取ったり，逆にピストンに圧縮仕事を与えたりすることとなる．

エンジンが外にする仕事 $(-W_\mathrm{M})$ は，熱力学第 1 法則より，この過程で作動流体が外から受け取った熱 Q_1 と外へ捨て去った熱 $(-Q_2)$ の差に等しく，受け取った熱のうち仕事に変換できた割合を**熱効率** η とよんでいる．

$$\eta = \frac{-W_\mathrm{M}}{Q_1} = \frac{Q_1 - (-Q_2)}{Q_1}$$

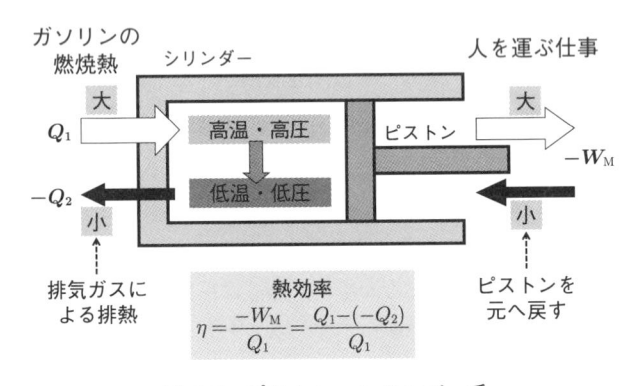

図 4.2 ピストン・シリンダー系

4.2 一般的なカルノーサイクルの実現

$$\eta \equiv \frac{-W_{\mathrm{M}}}{Q_1} = \frac{Q_1 - (-Q_2)}{Q_1} \tag{4.1}$$

なお，熱力学では 1 サイクルあたりの量で議論するが，実際の装置では単位時間あたりの量で表され，仕事ではなく**仕事率**を考えることに注意しよう．これは単位時間に何回サイクルが実現されているかで換算すればよい．

4.2 一般的なカルノーサイクルの実現

4.2.1 カルノーサイクルの実現

具体的な熱機関のサイクルを考えるために，最も基本的で簡単な 2 つだけの熱源を使用するサイクルを考える．ここでは，作動流体は理想気体には限らず，一般的なサイクルとする．異なる温度の熱源を 2 つだけ使用するので，図 4.3 に示すような，2 つの等温過程を 2 つの断熱過程で結びつけるサイクルとなり，これを**カルノーサイクル**とよぶ．このようなサイクルは実現可能である．

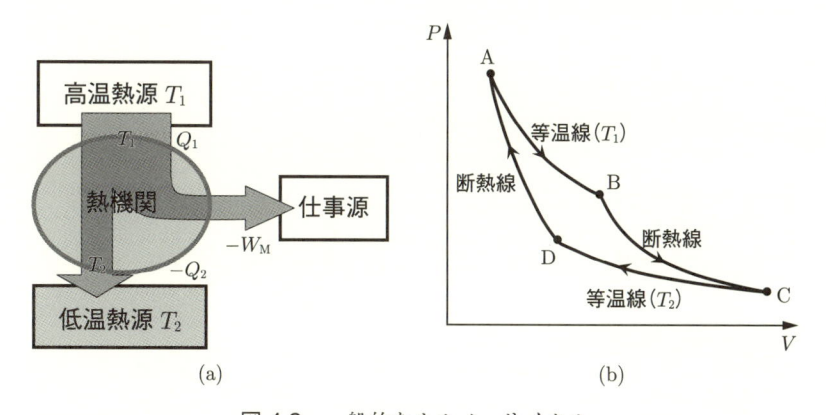

図 4.3 一般的なカルノーサイクル

【演習 4.1】 カルノーサイクルを実際に実現するには？

カルノーサイクルにおける等温過程は実際には実現し難い．これを実現するにはどのようにすればよいか考えよ．

〔解答〕

等温過程を実現するには，ピストン・シリンダー系を可動できるようにして高温熱源，断熱体および低温熱源に接触させるようにする．あるいは，作動流体を管路

系で流動させ，高温熱源としてのボイラー部，低温熱源としての復水器，断熱圧縮および断熱膨張させるピストン・シリンダー系の間を移動させるようなことが考えられている． ∎

4.2.2 逆カルノーサイクルの実現

また，図 4.4 に示すように，カルノーサイクルを逆転する**逆カルノーサイクル**も実現可能である．このような熱機関の逆サイクルは**冷凍機・ヒートポンプ**のサイクルになる．すなわち，外から仕事を与えることで，熱源間で熱の移動をさせるものである．

冷凍機は，低温系をさらに冷却するものであり，その性能は次式のような**成績係数**で表される．

$$\varepsilon_\mathrm{r} = \frac{Q_2}{W_\mathrm{M}} = \frac{Q_2}{-\{-(-Q_1)+Q_2\}} = \frac{Q_2}{(-Q_1)-Q_2} \quad (4.2)$$

また，**ヒートポンプ**は，高温系をさらに加熱するものであり，その性能は次式のような**成績係数**で表される．

$$\varepsilon_\mathrm{p} = \frac{(-Q_1)}{W_\mathrm{M}} = \frac{(-Q_1)}{-\{-(-Q_1)+Q_2\}} = \frac{(-Q_1)}{(-Q_1)-Q_2} \quad (4.3)$$

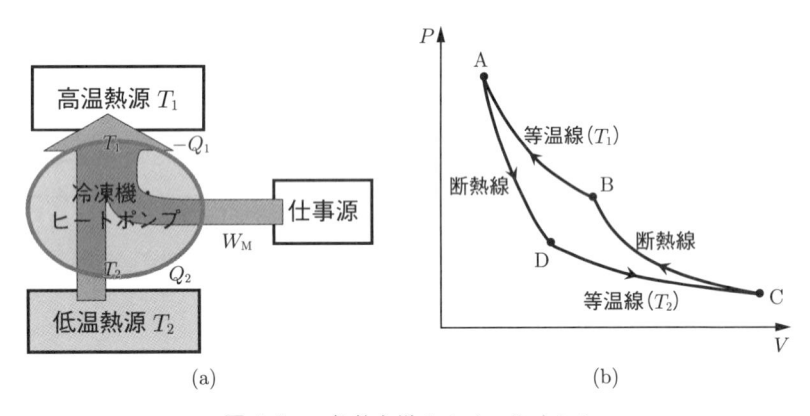

図 4.4 一般的な逆カルノーサイクル

4.3 トムソンの原理とクラウジウスの原理

　熱機関およびこれを実現するための過程・サイクルに関して**熱力学第 2 法則**が定式化され，トムソンとオストワルドおよびクラウジウスらにより別の表現がなされている．まず，**トムソンの原理**では，「一つの熱源から熱を取り，それと等量の仕事をするだけで，それ以外には何の変化も残さないような過程は実現できない」と表現され，**オストワルドの原理**では，「**第 2 種の永久機関（トムソンの原理に反する機関）は存在しない**」と表現されている．すなわち，「一つの熱源から熱を受け取り，それをすべて仕事に変換することはできない」ということである．言い換えれば，「仕事をすべて熱に変換するサイクルは不可逆である」ということになる．

　一方，**クラウジウスの原理**では，「低温の物体から高温の物体に熱を移すだけで，それ以外には何の変化も残さないような過程は実現できない」と表現されており，言い換えれば，「高温の物体から熱を受け取り，低温の物体にこれを出す以外に何の変化も伴わないサイクルは不可逆である」ということになる．

【演習 4.2】　トムソンの原理とクラウジウスの原理の等価性
　これらの原理が等価であることを背理法によって証明せよ．
〔解答〕
　図 4.5(a) に示すように，クラウジウスの原理に反する「超ヒートポンプ」が存在すると仮定し，実現可能なカルノーサイクルと組み合わせた系を考え，カルノーサイクルが低温熱源へ捨て去る熱を相殺するようにする．このとき，この組み合わせた系ではたった 1 つの熱源のみから熱を取り出してすべて仕事に変換できることになる．これはトムソンの原理に反する．

　一方，図 4.5(b) に示すように，トムソンの原理に反する「超熱機関（第 2 種の永久機関）」が存在すると仮定し，実現可能な逆カルノーサイクルと組み合わせた系を考え，逆カルノーサイクルで必要な仕事を供給するようにする．このとき，この組み合わせた系では外部からの仕事なしで低温熱源から高温熱源に熱を汲み上げることができることになる．これはクラウジウスの原理に反する． ∎

【演習 4.3】　2 つの異なる断熱線は交差するか？
　もし 2 つの異なる断熱線が交差するとすると，図 4.6 に示すようなサイクルが構成できてしまう．2 つの異なる断熱線は交わらないことを熱力学第 2 法則により説

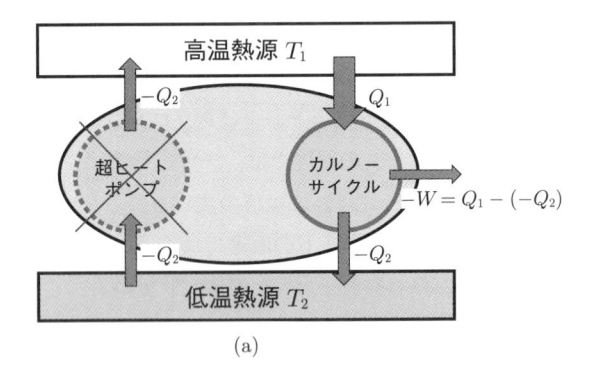

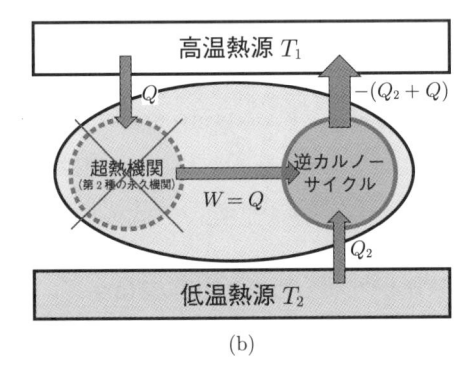

図 4.5 トムソンの原理とクラウジウスの原理の等価性

明せよ．

〔解答〕
　カルノーサイクルは 2 つの断熱線と 2 つの等温線から構成されていたが，もし 2 つの異なる断熱線が交差するとすると，図 4.6(a) のような 1 つの等温線と 2 つの断熱線により閉じたサイクルが構成できる．このサイクルによれば，1 つの熱源のみから熱を受け取り，熱を捨てることなく，これをすべて仕事に変えることができることになる．これはトムソンの原理に反する．また，図 4.6(b) のような同じ向きに進む 2 つの等温線と 2 つの断熱線により閉じたサイクルも構成できる．このサイクルによれば，温度の異なる 2 つの熱源の両方から熱を受け取り，これをすべて仕事に変えることができることになる．クラウジウスの原理により高温熱源から低温熱源に熱を移すことは可能なので，低温熱源から受け取った熱をキャンセルすることができる．これにより，1 つの高温熱源のみから熱を受け取り仕事に変えたことになるので，トムソンの原理に反する．

4.4 不可逆過程と可逆過程

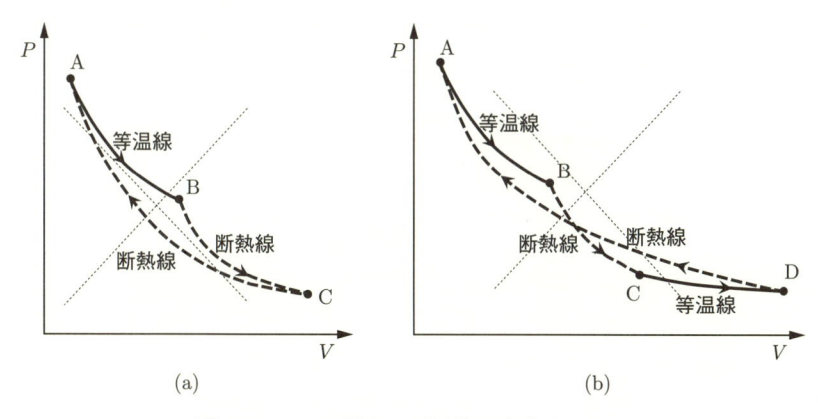

図 4.6 2 つの異なる断熱線は交差するか？

このように，2 つの異なる断熱線は交差することはない．図 4.3 のように，逆向きに進む 2 つの等温線で結び付けられるサイクルのみが実現できる． ∎

4.4 不可逆過程と可逆過程

　前節より，系の状態変化の仕方に「方向性」があり，逆行することが不可能な過程が存在することがわかった．このような過程を**不可逆過程**とよび，逆行可能な過程である**可逆過程**と区別している．したがって，仕事と熱は熱力学第 1 法則により量的には等価であるが，その質において等価でないことがわかる．可逆過程は，3.5 節で述べたような熱平衡状態を保ちながら変化する準静的過程によって実現することができる．なお，摩擦や粘性散逸のない理想化した力学過程のように準静的過程でない可逆過程は存在する．

　1.2 節では，熱平衡という概念を導入し，他からは孤立した，熱的に異なる状態にある 2 つの系を接触させると，図 4.7 に示すように，十分時間が経過した後，2 つの系は同じ状態になり，これ以上何も変化が起こらない熱平衡状態になるという経験的事実について述べた．しかしながら，この 2 つの系からなる合成系が最終的に到達する熱平衡状態は，どのような要請によって決まるのだろうか，という点についてはまだ何もいわれていない．この点については，力学では，保存力以外の力が作用しない場合には，保存力に対応する位置エネルギー U が減少する $dU < 0$ となる運動が生じ，極小となる $\delta U = 0$ でつり合

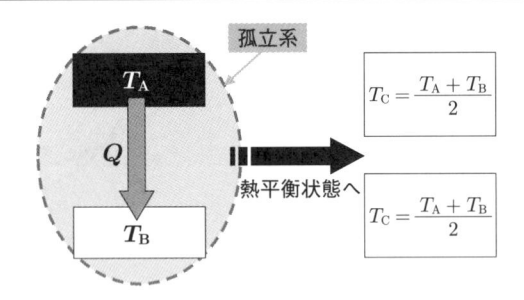

図4.7 2つの系に関する熱力学の根本問題

うとされている．すなわち，位置エネルギーが減少し最小となるという要請がおかれている．キャレンの教科書では，このことを**熱力学の根本問題**とし，熱力学第2法則を用いずに，力学の場合と同様な要請として，エントロピーという状態量が増大し，最大となる状態が実現されるという要請をおくことにより，熱力学の理論体系を構築している．

【演習 4.4】 熱機関の利用によるエネルギーの有効利用
　高温の物体から熱を受け取り，低温の物体にこれを出す以外に何の変化も伴わないサイクルは不可逆であるが，熱機関ではこれにエンジンを追加して仕事を生み出していると考えることができる．このようにすれば，可逆過程となりエネルギーを有効利用することができ，後に定義するエントロピーを増大させないようにすることができることを考察せよ．
〔解答〕
　図4.8に模式的に示したように，熱い燃焼ガスと冷たい空気の間を遮断して，有限の温度差による伝熱現象を回避し，その代わりに高温熱源と低温熱源の間でカルノーサイクルを動作させることにより，(後に示されるが) エントロピーを増大させることなく，仕事を得ることができる．これによってエネルギーを有効利用することができる．
　しかしながら，このようにして得られた仕事によって人間や荷物を輸送するという文明活動を行えば，結局は環境との間で摩擦損失が生じ，エネルギーは散逸することになる．持続可能な地球を維持するためには急激な文明活動は抑制するしかない．

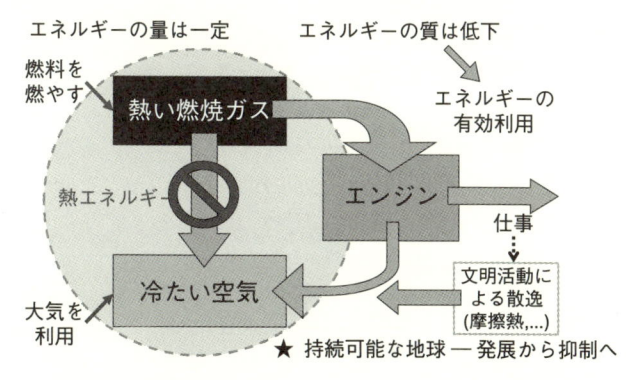

図 4.8　熱機関の利用によるエネルギーの有効利用

4.5　理想気体を用いたカルノーサイクルによる関係式の誘導

ここで，作動流体として理想気体を用いたカルノーサイクルを考える．この場合には，具体的に状態空間で状態変化が計算でき，仕事も直接的に算出できる．図 4.3 に示すような各過程において，仕事と熱は以下のように表される．

過程 1（A→B）：等温膨張 (T_1)

$$
\begin{aligned}
&W_{\mathrm{AB}} = -\int_{V_{\mathrm{A}}}^{V_{\mathrm{B}}} PdV = -nRT_1 \ln \frac{V_{\mathrm{B}}}{V_{\mathrm{A}}} < 0 , \\
&Q_{\mathrm{AB}} = -W_{\mathrm{AB}} > 0
\end{aligned} \quad (4.4)
$$

過程 2（B→C）：断熱膨張

$$
\begin{aligned}
&W_{\mathrm{BC}} = U(T_2) - U(T_1) < 0 , \\
&Q_{\mathrm{BC}} = 0 , \quad V_{\mathrm{B}}^{\gamma-1} T_1 = V_{\mathrm{C}}^{\gamma-1} T_2
\end{aligned} \quad (4.5)
$$

過程 3（C→D）：等温圧縮 (T_2)

$$
\begin{aligned}
&W_{\mathrm{CD}} = -\int_{V_{\mathrm{C}}}^{V_{\mathrm{D}}} PdV = -nRT_2 \ln \frac{V_{\mathrm{D}}}{V_{\mathrm{C}}} > 0 , \\
&Q_{\mathrm{CD}} = -W_{\mathrm{CD}} < 0
\end{aligned} \quad (4.6)
$$

過程 4（D→A）：断熱（圧縮）

$$
\begin{aligned}
&W_{\mathrm{DA}} = U(T_1) - U(T_2) > 0 , \\
&Q_{\mathrm{DA}} = 0 , \quad V_{\mathrm{D}}^{\gamma-1} T_2 = V_{\mathrm{A}}^{\gamma-1} T_1
\end{aligned} \quad (4.7)
$$

式 (4.5) と式 (4.7) より，
$$\frac{V_\text{B}}{V_\text{A}} = \frac{V_\text{C}}{V_\text{D}} \tag{4.8}$$
したがって，式 (4.4) と式 (4.6) より，
$$\frac{-Q_\text{CD}}{Q_\text{AB}} = \frac{T_2}{T_1} \tag{4.9}$$
変形すると，
$$\frac{Q_\text{AB}}{T_1} + \frac{Q_\text{CD}}{T_2} = 0 \tag{4.10}$$
系が外にした仕事 $(-W)$ は，
$$\begin{aligned}-W &= -(W_\text{AB} + W_\text{BC} + W_\text{CD} + W_\text{DA}) \\ &= Q_\text{AB} - (-Q_\text{CD}) \\ &= nRT_1 \ln \frac{V_\text{B}}{V_\text{A}} + nRT_2 \ln \frac{V_\text{D}}{V_\text{C}}\end{aligned} \tag{4.11}$$
外から加えられた熱は Q_AB，外に捨てられた熱は $(-Q_\text{CD})$ であるので，熱機関の効率 η の定義より，
$$\begin{aligned}\eta &\equiv \frac{-W}{Q_\text{AB}} \\ &= \frac{Q_\text{AB} - (-Q_\text{CD})}{Q_\text{AB}} = 1 - \frac{-Q_\text{CD}}{Q_\text{AB}}\end{aligned} \tag{4.12}$$
したがって，カルノーサイクルの熱効率は，式 (4.9) より，
$$\eta = 1 - \frac{T_2}{T_1} \tag{4.13}$$

4.6　クラウジウスの不等式とエントロピーの導入

　一般に，図 4.9 に示すような温度 T_i の n 個あるいは無限に多くの熱源との間でサイクルを行う一点鎖線で示された大きな四角形で囲まれた系を考えよう．このとき，熱力学第 2 法則より，次式で表される**クラウジウスの不等式**が成立する．
$$\sum_i \frac{Q_i}{T_i^{(e)}} \leq 0, \quad \oint \frac{d'Q}{T^{(e)}} \leq 0 \tag{4.14}$$

4.6 クラウジウスの不等式とエントロピーの導入

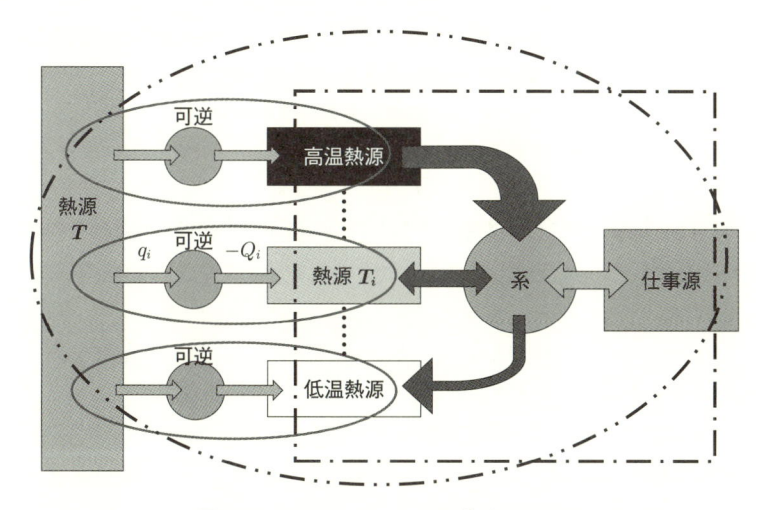

図 4.9 クラウジウスの不等式の証明

ここで，$T^{(e)}$ は熱源の温度であるが，可逆過程の場合にはこれは系の温度と等しい．不可逆過程では上式の左辺が負となり，可逆過程では 0 となる．積分形は連続的に変化する場合である．なお，$T^{(e)}$ には理想気体による絶対温度を用いている．

【演習 4.5】 クラウジウスの不等式の誘導

クラウジウスの不等式を熱力学第 2 法則から導け．

〔解答〕
図 4.9 の一点鎖線で示された大きな四角形で囲まれた系に対して，これとは別に温度 T の熱源を考え，これと n 個の熱源の一つ一つとの間で可逆なカルノーサイクルを作動させる．これにより n 個の熱源を元へもどす．このとき，各 i 番目のカルノーサイクルについて，2 つだけの熱源を用いた理想気体によるカルノーサイクルで得られた式 (4.10) を適用すると，

$$\frac{-Q_i}{T_i} + \frac{q_i}{T} = 0$$

これを i について和をとると，

$$\sum_i \frac{-Q_i}{T_i} + \sum_i \frac{q_i}{T} = 0 \quad \therefore \quad \sum_i \frac{Q_i}{T_i} = \frac{\sum_i q_i}{T}$$

ここで，元のサイクルを行う系と n 個のサイクルを行う系を合成した二点鎖線で示された大きな楕円形で囲まれた系を考える．この合成系は，たった１つの熱源 T のみから熱のやり取りをしているので，トムソンの原理から

$$\sum_i q_i \leq 0$$

でなければならない．これにより，クラウジウスの不等式が得られる．この誘導では，補助的なサイクルに理想気体を用いたが，元のサイクルは任意の一般的なサイクルである． ∎

【演習 4.6】 カルノーサイクルの場合のクラウジウスの不等式
２つだけの熱源を用いる一般的なカルノーサイクルの場合についてクラウジウスの不等式を適用し，可逆なサイクルでは熱効率は等しく，不可逆なサイクルの熱効率よりも大きいことを示せ．

〔解答〕
２個の熱源のみを利用するカルノーサイクルでは，クラウジウスの不等式は可逆過程の場合には，

$$\frac{Q_1}{T_1} + \frac{Q_2}{T_2} = 0 \quad \therefore \frac{-Q_2}{Q_1} = \frac{T_2}{T_1}$$

不可逆過程の場合には，

$$\frac{Q_1}{T_1} + \frac{Q_2}{T_2} < 0 \quad \therefore \frac{-Q_2}{Q_1} > \frac{T_2}{T_1}$$

となる．したがって，

$$\eta_{c,ir} = \frac{Q_1 - (-Q_2)}{Q_1} = 1 - \frac{-Q_2}{Q_1} < 1 - \frac{T_2}{T_1} = \eta_{c,r}$$

すなわち，カルノーサイクルの熱効率は可逆 ($\eta_{c,r}$：reversible) の場合のほうが不可逆 ($\eta_{c,ir}$：irreversible) の場合よりも必ず大きく，また，可逆の場合には熱効率は熱源の温度だけに依存するのでどのようなカルノーサイクルの熱効率もすべて一致するはずである． ∎

クラウジウスの不等式を可逆過程に適用すると次式となる．

$$\oint \frac{d'Q}{T^{(e)}} = 0 \tag{4.15}$$

1.6.1 項より，たとえば，図 4.10 の可逆過程 C および D による積分経路を考

4.6 クラウジウスの不等式とエントロピーの導入

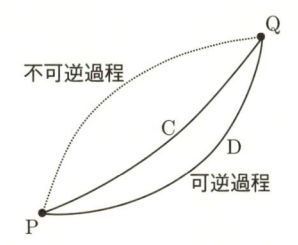

図 4.10 状態空間での積分経路

えると,

$$\int_{\mathrm{PCQ}} \frac{d'Q}{T^{(e)}} = \int_{\mathrm{PDQ}} \frac{d'Q}{T^{(e)}} \tag{4.16}$$

したがって,この量は積分経路には依存しないので状態量であり,この量をエントロピーと定義する.すなわち,熱力学第2法則により,エントロピーは可逆過程を用いて下記のように表される.

$$S_{\mathrm{Q}} = \int_{\mathrm{P}\to\mathrm{Q}} \frac{(d'Q)_{\mathrm{r}}}{T^{(e)}} + S_{\mathrm{P}}, \quad dS = \frac{(d'Q)_{\mathrm{r}}}{T^{(e)}} \tag{4.17}$$

また,可逆変化(準静的変化)では,$T^{(e)} = T$ となり,熱は

$$(d'Q)_{\mathrm{r}} = TdS \tag{4.18}$$

と表される.したがって,**可逆断熱変化**ではエントロピーは一定(**等エントロピー変化**)に保たれることになる.このエントロピーという状態量を用いることにより,現象進行の方向を考えることができる.このことは 4.9 節で詳しく述べる.

不可逆過程の場合には,クラウジウスの不等式において,図 4.10 の点線で示された不可逆過程および実線で示された可逆過程 C あるいは D による積分経路を考えると,次式が誘導される.

$$\int_{\mathrm{P}\to\mathrm{Q}} \frac{(d'Q)_{\mathrm{ir}}}{T^{(e)}} \leq \int_{\mathrm{P}\to\mathrm{Q}} \frac{(d'Q)_r}{T^{(e)}} = S_{\mathrm{Q}} - S_{\mathrm{P}},$$

$$\frac{(d'Q)_{\mathrm{ir}}}{T^{(e)}} \leq \frac{(d'Q)_r}{T^{(e)}} = dS \tag{4.19}$$

上式より,同じ状態変化 $\mathrm{P} \to \mathrm{Q}$ を行うとき,不可逆過程の場合には,可逆過程の場合よりも小さな熱の授受 $(d'Q)_{\mathrm{ir}} \leq (d'Q)_{\mathrm{r}}$ が生じ,これによって可逆過

程と同じエントロピー変化を生じていることになる．不可逆過程によって状態変化 P → Q が起こった際のエントロピー変化は，対応する可逆過程を用いて算出することがなされている．

なお，状態 P と状態 Q は熱力学的平衡状態であるので，図 4.10 のように状態空間上の点で表されるが，不可逆過程の変化の途中では非平衡状態なので状態空間上の点では表すことができない．そのため，図では点線で変化の方向だけを示した．以下，状態空間上の曲線で表された過程やサイクルは可逆変化であることに注意しなければならない．

式 (4.19) の不等式を便宜的に等式にするために，不可逆性による**エントロピー生成** S_{gen} (generation) という量を導入すると，次式のように表される．

$$dS = \frac{(d'Q)_{\text{ir}}}{T^{(e)}} + dS_{\text{gen}}, \quad dS_{\text{gen}} \geq 0 \tag{4.20}$$

したがって，不可逆過程ではエントロピー生成は必ず正となる．

熱力学第 1 法則に第 2 法則（可逆変化）の結果を代入すると，次式で表される非常に重要な関係式である**熱力学恒等式**（ギブズの公式）が得られる．

$$TdS = dU + PdV \tag{4.21}$$

この式を状態 ① から ② まで積分すると，

$$\int_{①}^{②} TdS = U_2 - U_1 + \int_{①}^{②} PdV \tag{4.22}$$

となり，系に外から加えられた熱と，系が外にした仕事は

$$Q = \int_{①}^{②} TdS, \quad -W_{\text{M}} = \int_{①}^{②} PdV \tag{4.23}$$

と表される．このように，熱は TS 線図上の過程を示す曲線の積分値，仕事は PV 線図上の曲線の積分値で表され，サイクルの場合にはそれぞれの線図で囲まれた部分の面積で表される．図 4.11 にピストン・シリンダー系におけるこれらの関係を示す．

このように，エントロピーの導入により，熱が状態量の変化によって表すことができることになった．このエントロピーと熱の関係から仕事を見直すと，以下のような対応関係が明らかになる．

4.6 クラウジウスの不等式とエントロピーの導入

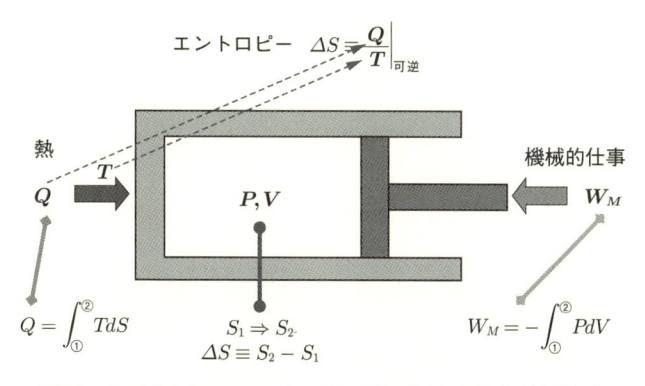

図 4.11 ピストン・シリンダー系における熱力学恒等式

$$(d'Q)_\mathrm{r} = TdS \quad \Leftrightarrow \quad (d'W_\mathrm{M})_\mathrm{r} = -PdV$$
$$dS = \frac{(d'Q)_\mathrm{r}}{T} \quad \Leftrightarrow \quad dV = -\frac{(d'W_\mathrm{M})_\mathrm{r}}{P} \tag{4.24}$$

このように，状態量ではない熱を絶対温度で割ると状態量 S になるのと同様，状態量でない仕事を圧力で割ると状態量 V になる．数学的には，このように，不完全微分量を完全微分量とする絶対温度や圧力のような量を積分因子よぶ．

種々の過程における理想気体のエントロピーの変化を表す公式はすでに 3.10 節の式 (3.54) に示した．

【演習 4.7】 エントロピーと比熱の関係式
エントロピーと比熱の関係式を求めよ．
〔解答〕
熱力学恒等式
$$TdS = dU + PdV$$
において，U の全微分展開
$$dU = \left(\frac{\partial U}{\partial T}\right)_V dT + \left(\frac{\partial U}{\partial V}\right)_T dV$$
を代入して，
$$dS = \frac{C_V}{T}dT + \frac{P + \left(\frac{\partial U}{\partial V}\right)_T}{T}dV$$
一方，S の全微分展開

$$dS = \left(\frac{\partial S}{\partial T}\right)_V dT + \left(\frac{\partial S}{\partial V}\right)_T dV$$

と比較して，

$$C_V = \left(\frac{\partial U}{\partial T}\right)_V = T\left(\frac{\partial S}{\partial T}\right)_V$$

同様に，

$$C_P = \left(\frac{\partial H}{\partial T}\right)_P = T\left(\frac{\partial S}{\partial T}\right)_P$$

【演習 4.8】 空気のエントロピー変化

300 K, 400 kPa の空気が状態変化して，最終的に 600 K, 300 kPa になった．このときの空気の比エントロピー変化量を求めよ．ただし，空気は理想気体とし，$c_p = 1.00$ kJ/(kg·K), $R' = 0.286$ kJ/(kg·K) である．

〔解答〕

次式

$$\Delta s = c_p \int_1^2 \frac{dT}{T} - R\int_1^2 \frac{dP}{P} = s_2(T_2, P_2) - s_1(T_1, P_1)$$
$$= c_p \ln\left(\frac{T_2}{T_1}\right) - R\ln\left(\frac{P_2}{P_1}\right)$$

に対応する数値を代入すると次のようになる．

$$\Delta s = 1.00\ln\left(\frac{600}{300}\right) - 0.286\ln\left(\frac{300}{400}\right) = 0.775 \text{ kJ/(kg·K)}$$

【演習 4.9】 熱機関サイクルにおけるエントロピー生成

熱機関サイクルにおけるエントロピー生成について説明せよ．

〔解答〕

図 4.12 に示すように，高温熱源 T_1 と低温熱源 T_2 の間で作動する熱機関を考える．各部分系でのエントロピー変化は以下のようになる．なお，熱源と熱交換をする場合，図に示すように，熱機関の作動流体の温度は熱源と同じ温度になり，温度差なしの可逆的熱移動であると考える．

高温熱源（可逆）：

$$\Delta S_1 = -\frac{Q_1}{T_1} < 0$$

体系［熱機関］：

$$\Delta S = \frac{Q_1}{T_1} + \Delta S_{\text{gen}} - \frac{(-Q_2)}{T_2} = 0$$

4.6 クラウジウスの不等式とエントロピーの導入

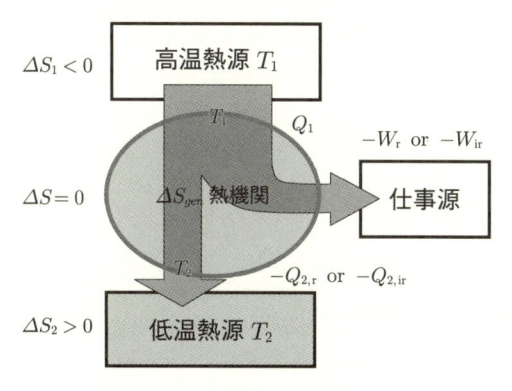

図 4.12 熱機関とエントロピー

$$-W = Q_1 - (-Q_2)$$

低温熱源（可逆）：

$$\Delta S_2 = \frac{(-Q_2)}{T_2} > 0$$

全体のエントロピー変化は，

$$\Delta S_{\text{total}} = \Delta S_1 + \Delta S + \Delta S_2 = \Delta S_{\text{gen}} \geq 0$$

可逆・不可逆ともに Q_1 はそのままにして，$(-Q_2)$ は，可逆サイクルでは $(-Q_{2,\text{r}})$，不可逆サイクルでは $(-Q_{2,\text{ir}})$ とおくと，体系では，可逆のとき

$$\Delta S_{\text{gen}} = -\left\{\frac{Q_1}{T_1} - \frac{(-Q_{2,\text{r}})}{T_2}\right\} = 0 \quad \therefore \quad \frac{(-Q_{2,\text{r}})}{T_2} = \frac{Q_1}{T_1}$$

不可逆のとき，

$$\Delta S_{\text{gen}} = -\left\{\frac{Q_1}{T_1} - \frac{(-Q_{2,\text{ir}})}{T_2}\right\} > 0$$

となるが，可逆のときの関係を代入して Q_1 を消去すると，

$$\Delta S_{\text{gen}} = -\left\{\frac{(-Q_{2,\text{r}})}{T_2} - \frac{(-Q_{2,\text{ir}})}{T_2}\right\} = \frac{(-Q_{2,\text{ir}}) - (-Q_{2,\text{r}})}{T_2}$$

$$= \frac{(-Q_{2,\text{ir}}) - Q_1 + Q_1 - (-Q_{2,\text{r}})}{T_2} = \frac{(-W_{\text{r}}) - (-W_{\text{ir}})}{T_2} \geq 0$$

エントロピー生成は可逆サイクルでは 0 であり，不可逆サイクルでは正となるはずなので，不可逆過程で生じるエントロピー生成を排出するために廃熱 $(-Q_2)$ が増え，その分だけ外に取り出す仕事 $(-W)$ が減るということができる．

$$(-Q_{2,\text{ir}}) > (-Q_{2,\text{r}}), \quad (-W_{\text{r}}) > (-W_{\text{ir}})$$

∎

4.7 カルノーサイクルの熱効率
4.7.1 一般的なカルノーサイクルの熱効率

前述の 4.2 節の図 4.3 に示した一般的なカルノーサイクルにおいて，可逆過程を考えると，熱がエントロピーから算出できる．すなわち，

過程 1 （A→B）：等温膨張 (T_1)

$$Q_{AB} = T_1(S_B - S_A) > 0 \tag{4.25}$$

過程 2 （B→C）：断熱膨張

$$Q_{BC} = 0, \quad S_C - S_B = 0 \tag{4.26}$$

過程 3 （C→D）：等温圧縮 (T_2)

$$Q_{CD} = T_2(S_D - S_C) < 0 \tag{4.27}$$

過程 4 （D→A）：断熱（圧縮）

$$Q_{DA} = 0, \quad S_A - S_D = 0 \tag{4.28}$$

ここで，エントロピーは 1 サイクルでは元に戻らなければならないので，

$$(S_B - S_A) + (S_D - S_C) = 0 \quad \therefore \quad S_B - S_A = -(S_D - S_C) \tag{4.29}$$

系が正味の外に出した仕事は，

$$-W = Q_{AB} + Q_{CD} \tag{4.30}$$

したがって，カルノーサイクルの熱効率は次式で表され，熱源の温度だけで決まる．

$$\begin{aligned}\eta_{c,r} &= \frac{-W}{Q_{AB}} = \frac{Q_{AB} + Q_{CD}}{Q_{AB}} \\ &= \frac{T_1(S_B - S_A) + T_2(S_D - S_C)}{T_1(S_B - S_A)} = \frac{T_1 - T_2}{T_1} = 1 - \frac{T_2}{T_1}\end{aligned} \tag{4.31}$$

また，上式を変形すると，

$$\frac{Q_{CD}}{Q_{AB}} = -\frac{T_2}{T_1} \quad \therefore \quad \frac{Q_{AB}}{T_1} + \frac{Q_{CD}}{T_2} = 0 \tag{4.32}$$

このように，理想気体を用いなくても，上記の重要な関係式が導出できる．このことは，熱力学温度の定義の一般性において重要である．

4.7 カルノーサイクルの熱効率

【演習 4.10】 カルノーサイクルの熱効率の例

カルノーサイクルの熱効率の例を示せ．

〔解答〕
例えば，化石燃料による燃焼ガス（2200 K）を高温熱源，大気（300 K）を低温熱源として用いた場合には，

$$T_1 = 2200 \text{ K}, \quad T_2 = 300 \text{ K}$$

$$\eta = \frac{2200 - 300}{2200} = 0.863$$

また，海洋温度差を利用する場合には，高温熱源として海の上層部（300 K），低温熱源として海の下層部（280 K）を用いるとして，

$$T_1 = 300 \text{ K}, \quad T_2 = 280 \text{ K}$$

$$\eta = \frac{300 - 280}{300} = 0.067$$

このように，熱源の温度差が小さい場合には熱効率は非常に小さくなる．また，低温熱源の温度が低い場合には熱効率は大きくなる可能性があることがわかる．■

【演習 4.11】 多数の熱源を使用する一般の熱機関の効率

多数の熱源を使用する一般の熱機関の効率は，1 サイクルの間に体系が外に対してする仕事と，熱源から吸収する熱の合計との比で与えられる．多数の熱源と熱の授受をするとして，熱源の温度の最高を $T_{\max}$，最低を $T_{\min}$ とすると，効率は次の不等式を満たすことを示せ．

$$\eta \leq 1 - \frac{T_{\min}}{T_{\max}}$$

なお，ここでは，状態空間上の曲線で表された可逆サイクル同士の熱効率を比較していることに注意せよ．

〔解答〕
クラウジウスの不等式に現れる和を，Q_i が正の項の和と負の項の和に分け，前者の下限値と後者の上限値を考える．

$$\sum_i^{\text{正}} \frac{Q_i}{T_i} - \sum_i^{\text{負}} \frac{(-Q_i)}{T_i} \leq 0, \quad \therefore \quad \frac{\sum_i^{\text{負}} \frac{(-Q_i)}{T_i}}{\sum_i^{\text{正}} \frac{Q_i}{T_i}} \geq 1$$

ところで，

$$\frac{1}{T_{\min}} \geq \frac{1}{T_i} \geq \frac{1}{T_{\max}}$$

よって，

$$\sum_i^{正} \frac{Q_i}{T_i} \geq \frac{1}{T_{\max}} \sum_i^{正} Q_i, \quad \sum_i^{負} \frac{(-Q_i)}{T_i} \leq \frac{1}{T_{\min}} \sum_i^{負} (-Q_i)$$

$$\frac{\sum_i^{負}(-Q_i)}{\sum_i^{正} Q_i} \geq \frac{T_{\min} \sum_i^{負} \frac{(-Q_i)}{T_i}}{T_{\max} \sum_i^{正} \frac{Q_i}{T_i}} \geq \frac{T_{\min}}{T_{\max}}$$

$$\eta = 1 - \frac{\sum_i^{負}(-Q_i)}{\sum_i^{正} Q_i} \leq 1 - \frac{T_{\min}}{T_{\max}} = \eta_{\max}$$

ここで，$\eta_{\max}$ はこのサイクルの最高温度と最低温度の熱源のみを用いたとした場合のカルノーサイクルの熱効率である．

〔別解〕

図 4.13 より，

$$\oint \frac{d'Q}{T^{(\mathrm{e})}} = \int_{C_1} \frac{d'Q}{T^{(\mathrm{e})}} - \int_{C_2} \frac{|d'Q|}{T^{(\mathrm{e})}} \leq 0$$

$$\frac{\int_{C_1} d'Q}{T_{\max}} - \frac{\int_{C_2} |d'Q|}{T_{\min}} < 0 \quad \therefore \frac{T_{\min}}{T_{\max}} < \frac{\int_{C_2} |d'Q|}{\int_{C_1} d'Q}$$

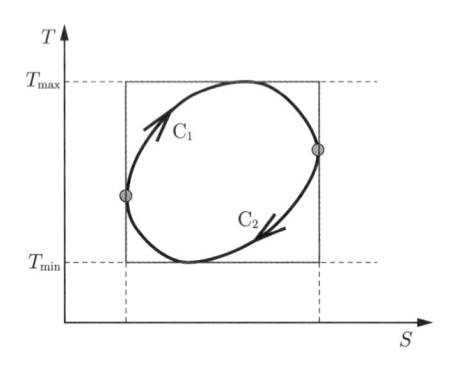

図 4.13 サイクルの熱効率の比較

4.7 カルノーサイクルの熱効率

$$\eta = 1 - \frac{\int_{C_2}|d'Q|}{\int_{C_1}d'Q} \leq 1 - \frac{T_{\min}}{T_{\max}}$$

【演習 4.12】 カルノーサイクルを用いた熱機関

あるボイラで発生した飽和蒸気を熱源として，温度 t_1=400 °C のもとで Q_1=5×10^6 kJ/h の熱量を利用することができる．また周囲温度と冷却水温度を t_2=20 °C とし，この両温度の間にカルノーサイクルを行う損失のない熱機関を考えるとき，この機関で発生する出力 (kW)，周囲に捨てる熱量 ($-Q_2$) および熱効率を求めよ．

〔解答〕

熱効率

$$\eta = \frac{Q_1 - (-Q_2)}{Q_1} = \frac{T_1 - T_2}{T_1} = \frac{400 - 20}{673.15} = 0.565$$

機械より発生する出力

$$W = \frac{Q_1 \eta}{3600} = \frac{5 \times 10^6 \times 0.565}{3600} = 785 \text{ kW}$$

周囲に捨てる熱量

$$(-Q_2) = Q_1(1-\eta) = 5 \times 10^6(1 - 0.565) = 2.18 \times 10^6 \text{ kJ/h}$$

4.7.2 逆カルノーサイクルの成績係数

逆カルノーサイクルは，カルノーサイクルとは熱・仕事の正負が異なるだけで熱源温度との関係は同じなので，この逆サイクルを用いる冷凍機・ヒートポンプの成績係数はカルノーサイクルで得られた関係がそのまま利用できる．

冷凍機の成績係数は，式 (4.2) より，

$$\varepsilon_{\mathrm{r}} = \frac{Q_2}{W_{\mathrm{M}}} = \frac{Q_2}{-\{-(-Q_1)+Q_2\}} = \frac{Q_2}{(-Q_1)-Q_2} = \frac{T_2}{T_1-T_2} \quad (4.33)$$

ヒートポンプの成績係数は，式 (4.3) より，

$$\varepsilon_{\mathrm{p}} = \frac{(-Q_1)}{W_{\mathrm{M}}} = \frac{(-Q_1)}{-\{-(-Q_1)+Q_2\}} = \frac{(-Q_1)}{(-Q_1)-Q_2} = \frac{T_1}{T_1-T_2}$$
$$(4.34)$$

となる．

4.7.3 理想気体を用いたカルノーサイクルの状態線図

ここで，作動流体として理想気体を用いたカルノーサイクルの状態線図と熱効率の計算例を示す．図が見難いが，定量的に正確な線図としている．

【演習 4.13】 理想気体によるカルノーサイクル（高温度域）

図 4.14 に示すように，高温熱源の温度 $T_A = T_B = 2000$ K，低温熱源の温度 $T_C = T_D = 600$ K とする．等温膨張前の比体積 $v'_A = 0.1038$ m^3/kg（圧力 $P_A = 5.5304$ MPa）とする．作動流体は空気（定積比熱 $c_v = 0.72$ kJ/(kg·K)，比熱比 $\gamma = 1.4$）とし，等温膨張時における供給熱量は 248 kJ/kg とせよ．カルノーサイクル各過程を図示し，熱効率を求めよ．

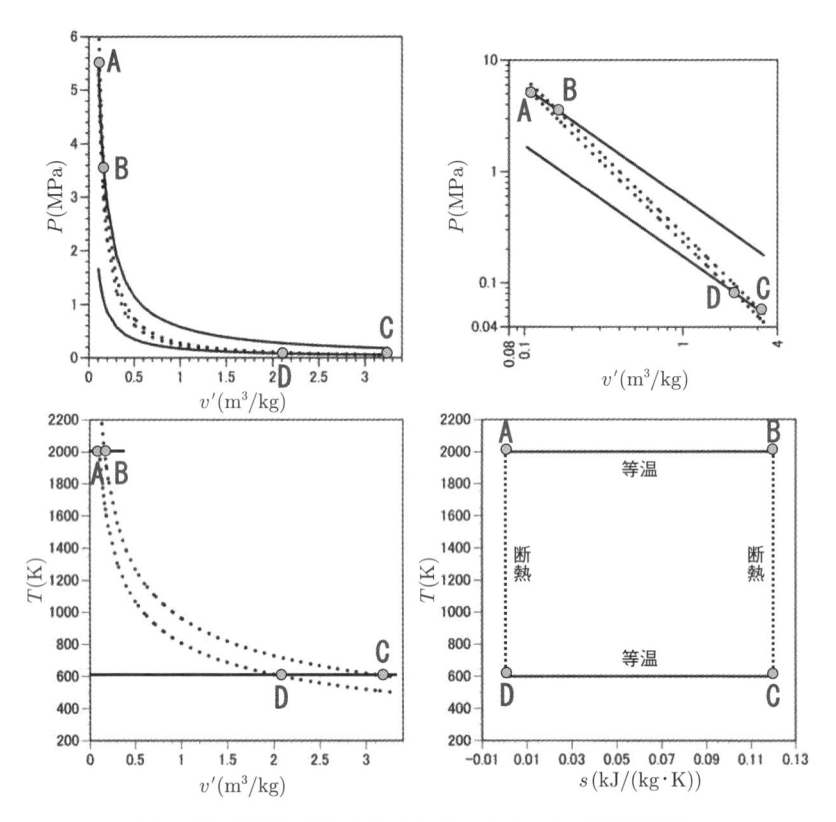

図 4.14 理想気体によるカルノーサイクル（高温度域）

4.7 カルノーサイクルの熱効率

〔解答〕

空気に対する状態方程式は，
$$Pv' = R'T, \quad R' = 287.03 \text{ J/(kg·K)}$$

したがって，1気圧，20 °C において $\rho = 1.204$ kg/m^3 となる．

カルノーサイクルの各過程を Pv 線図，Tv 線図および Ts 線図により図 4.14 に図示する．なお，Pv 線図は見にくいので右側に両対数座標軸で表示した．

等温膨張（加熱）後の比体積 v'_B と圧力 P_B は，
$$q_{AB} = -w_{AB} = R'T_A \ln \frac{v'_B}{v'_A},$$

上式の逆関数をとると，

$$v'_B = v'_A \exp\left(\frac{q_{AB}}{R'T_A}\right) = 0.1038 \exp\left(\frac{248000}{287.03 \times 2000}\right) = 0.16062 \text{ m}^3/\text{kg}$$

$$\frac{v'_B}{v'_A} = \frac{0.16062}{0.1038} = 1.5474$$

$$P_B = P_A\left(\frac{v'_A}{v'_B}\right) = 5.5304 \times \frac{1}{1.5474} = 3.5740 \text{ MPa}$$

断熱膨張後の比体積 v'_C と圧力 P_C は，

$$T_C = T_B\left(\frac{v'_B}{v'_C}\right)^{\gamma-1},$$

$$v'_C = v'_B \left(\frac{T_B}{T_C}\right)^{\frac{1}{\gamma-1}} = 0.16062 \times \left(\frac{2000}{600}\right)^{\frac{1}{1.4-1}} = 3.2583 \text{ m}^3/\text{kg}$$

$$P_C = \frac{R'T_C}{v'_C} = \frac{287.03 \times 600}{3.2583} \times 10^{-6} = 0.052855 \text{ MPa}$$

等温圧縮（放熱）後の体積 v'_D および圧力 P_D は，

$$\frac{v'_B}{v'_A} = \frac{v'_C}{v'_D}$$

を満足する必要がある．このときのみ，断熱圧縮後の比体積と圧力が v'_A と圧力 P_A に一致する．

$$v'_D = v'_C \times \left(\frac{v'_A}{v'_B}\right) = 2.1057 \text{ m}^3/\text{kg}$$

$$P_D = P_C\left(\frac{v'_C}{v'_D}\right) = 0.052855 \times 1.5474 = 0.08179 \text{ MPa}$$

放熱量は,

$$q_{CD} = -w_{CD} = R'T_C \ln \frac{v'_D}{v'_C} = 287.03 \times 600 \times \ln \frac{1}{1.5474}$$

$$\therefore \quad q_{CD} = -75.186 \text{ kJ/kg}$$

断熱圧縮過程では,

$$T = T_D \left(\frac{v'_D}{v'}\right)^{\gamma-1}, \quad v' = v'_D \left(\frac{T_D}{T}\right)^{\frac{1}{\gamma-1}}, \quad P = \frac{R'T}{v'}$$

熱効率は,

$$\eta = \frac{q_{AB} + q_{CD}}{q_{AB}} = \frac{248.0 - 75.186}{248.0} = 0.6968$$

一方,熱源の温度で算出すると,

$$\eta = 1 - \frac{600}{2000} = 0.700$$

エントロピーの変化は,

$$\Delta s = \frac{q_{AB}}{T_A} = \frac{248}{2000} = 0.124 \text{ kJ/(kg·K)}$$

【演習 4.14】 理想気体によるカルノーサイクル（低温度域）

図 4.15 に示すように,高温熱源の温度 $T_A = T_B = 600$ K,低温熱源の温度 $T_C = T_D = 400$ K とする.等温膨張前の比体積 $v'_A = 0.1038$ m³/kg（圧力 $P_A = 1.6591$ MPa）とする.作動流体は空気（定積比熱 $c_v = 0.72$ kJ/(kg·K),比熱比 $\gamma = 1.4$）とし,等温膨張時における供給熱量は 320 kJ/kg とせよ.カルノーサイクル各過程を図示し,熱効率を求めよ.

〔解答〕

カルノーサイクルの各過程を図 4.15 に図示する.

等温膨張（加熱）後の比体積 v'_B と圧力 P_B は,

$$q_{AB} = -w_{AB} = R'T_A \ln \frac{v'_B}{v'_A},$$

$$v'_B = v'_A \exp\left(\frac{q_{AB}}{R'T_A}\right) = 0.1038 \times \exp\left(\frac{320000}{287.03 \times 600}\right)$$

$$= 0.665525 \text{ m}^3/\text{kg}$$

$$\frac{v'_B}{v'_A} = \frac{0.665525}{0.1038} = 6.4116$$

$$P_B = P_A \left(\frac{v'_A}{v'_B}\right) = 1.6591 \times \frac{1}{6.4116} = 0.25877 \text{ MPa}$$

4.7 カルノーサイクルの熱効率

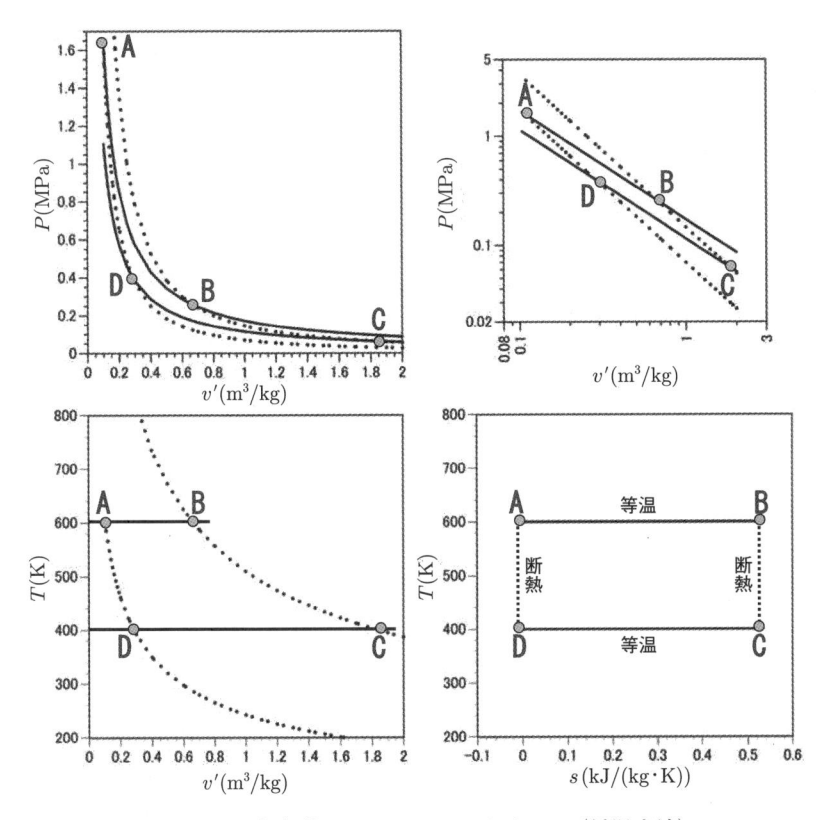

図 4.15 理想気体によるカルノーサイクル（低温度域）

断熱膨張後の比体積 v'_C と圧力 P_C は，

$$T_\mathrm{C} = T_\mathrm{B} \left(\frac{v'_\mathrm{B}}{v'_\mathrm{C}}\right)^{\gamma-1},$$

$$v'_\mathrm{C} = v'_\mathrm{B} \left(\frac{T_\mathrm{B}}{T_\mathrm{C}}\right)^{\frac{1}{\gamma-1}} = 0.665525 \times \left(\frac{600}{400}\right)^{\frac{1}{1.4-1}} = 1.83397 \text{ m}^3/\text{kg}$$

$$P_\mathrm{C} = \frac{R'T_\mathrm{C}}{v'_\mathrm{C}} = \frac{287.03 \times 400}{1.83397} \times 10^{-6} = 0.062603 \text{ MPa}$$

等温圧縮（放熱）後の体積 v'_D および圧力 P_D は，

$$v'_\mathrm{D} = v'_\mathrm{C} \times \left(\frac{v'_\mathrm{A}}{v'_\mathrm{B}}\right) = 0.28604 \text{ m}^3/\text{kg}$$

$$P_\mathrm{D} = P_\mathrm{C}\left(\frac{v'_\mathrm{C}}{v'_\mathrm{D}}\right) = 0.062603 \times 6.4116 = 0.40139 \text{ MPa}$$

放熱量は,

$$q_\mathrm{CD} = -w_\mathrm{CD} = R'T_\mathrm{C}\ln\frac{v'_\mathrm{D}}{v'_\mathrm{C}} = 287.03 \times 400 \times \ln\frac{1}{6.4116}$$
$$= -213.333 \text{ kJ/kg}$$

断熱圧縮過程では,

$$T = T_\mathrm{D}\left(\frac{v'_\mathrm{D}}{v'}\right)^{\gamma-1}, \quad v' = v'_\mathrm{D}\left(\frac{T_\mathrm{D}}{T}\right)^{\frac{1}{\gamma-1}}, \quad P = \frac{R'T}{v'}$$

熱効率は,

$$\eta = \frac{q_\mathrm{AB} + q_\mathrm{CD}}{q_\mathrm{AB}} = \frac{320.0 - 213.333}{320.0} = 0.33333,$$

一方, 熱源の温度で算出すると,

$$\eta = 1 - \frac{400}{600} = 0.33333$$

エントロピーの変化は,

$$\Delta s = \frac{q_\mathrm{AB}}{T_\mathrm{A}} = \frac{320}{600} = 0.53333 \text{ kJ/(kg·K)}$$ ■

4.8 熱力学温度の定義

4.6 節において, 可逆なカルノーサイクルの熱効率 η_r は熱源の温度だけで決まり, すべて一致することがわかった. そこで, 図 4.16 のように, 温度の異なる 3 個の等温線に対応する熱源を考え, そのうちの 2 個ずつを選んで 3 つのカルノーサイクル $A_1B_1B_0A_0A_1$, $A_2B_2B_0A_0A_2$, $A_2B_2B_1A_1A_2$ を構成すれば, $1 - \eta_\mathrm{r}$ を関数 f とおいて, 次式が得られる.

$$f(t_0, t_1) = \frac{Q_0}{Q_1}, \quad f(t_0, t_2) = \frac{Q_0}{Q_2}, \quad f(t_1, t_2) = \frac{Q_1}{Q_2}$$
$$\frac{Q_1}{Q_2} = f(t_1, t_2) = \frac{f(t_0, t_2)}{f(t_0, t_1)} = \frac{g(t_2)}{g(t_1)} = \frac{\theta(t_1)}{\theta(t_2)} \quad (4.35)$$

ここで, 温度 t は理想気体による絶対温度でなく任意の温度目盛である. 関数 f において t_0 を基準の一定な温度と考えれば, t_1 あるいは t_2 のみの関数と考えられるのでそれを関数 g としている. すなわち, 関数 g は熱源のある任意の温度目盛 t の関数であり, その逆数を $\theta(t)$ と定義し, これを**熱力学温度**とよぶ.

4.9 孤立系におけるエントロピー増大の原理

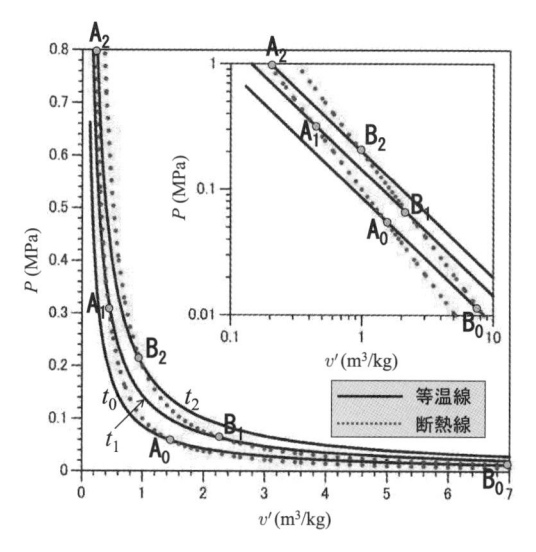

図 4.16 熱力学温度の導出

また，式 (4.9) より，理想気体による絶対温度 T について次式が成立する．

$$\frac{Q_1}{Q_2} = \frac{\theta(t_1)}{\theta(t_2)} = \frac{T_1}{T_2} \tag{4.36}$$

すなわち，理想気体による絶対温度目盛は熱力学温度目盛と一致する．

4.9 孤立系におけるエントロピー増大の原理

孤立系に対して式 (4.19) を適用すると，断熱なので左辺は 0 となり，

$$0 \leq S_Q - S_P, \quad 0 \leq dS \tag{4.37}$$

したがって，孤立系では不可逆過程が生じるとエントロピーは必ず増大する．このことを**エントロピー増大の原理**という．

キャレンは，熱力学第 2 法則を用いずに，エントロピーという状態量が最大となる状態が実現されるという要請をおき，熱力学的平衡状態ではエントロピーが最大となることから，温度，圧力および化学ポテンシャルという物理量を定義するという理論を定式化している．

非平衡状態にある孤立系が熱平衡状態に向かうときにエントロピーが増大す

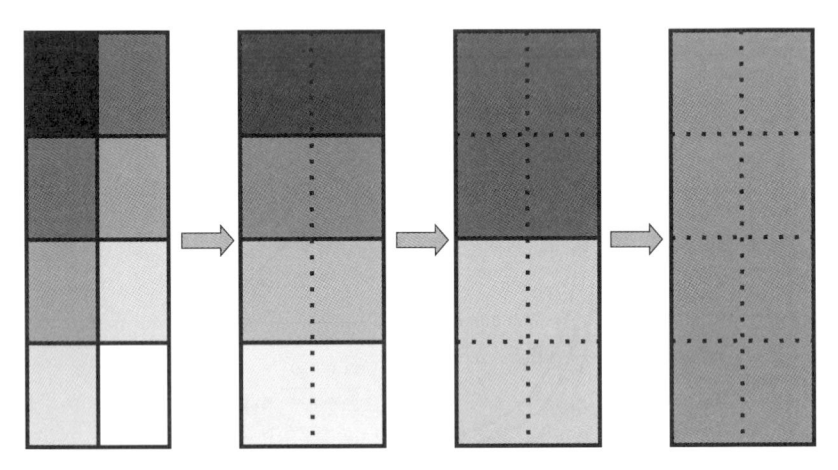

図 4.17 非平衡状態にある孤立系 (多数の部分系)

ることを図 4.17 を用いて説明する．非平衡状態を取り扱うために，孤立系の内部をいくつかの部分系に分割し，断熱壁で仕切られているため，部分系ごとに温度は異なるが，それぞれ熱平衡状態となっている部分系の合成系であると考える．このような考え方を**局所平衡**の仮定とよぶ．この仕切りを少しずつ取り除くと対応する部分系同士は温度の高いほうから低いほうに熱が移動し熱平衡状態となる．そして，すべての仕切りを取り除いたとき，系全体が一様な温度となるはずである．このとき，仕切りを取り除いていない場合と取り除いた場合のエントロピーを算出すると，次の演習に示すように，仕切りをすべて取り除いた場合のエントロピーが最も大きくなることがわかる．

【演習 4.15】 熱力学の根本問題におけるエントロピーの変化

図 4.18 に示すような外界とは孤立した 2 つの系 A と B を熱的に接触させた場合における熱平衡状態までのエントロピーの変化を求めよ（熱力学の根本問題における要請）．

〔解答〕
温度の異なる 2 つの物体 A と B を（仕事をさせずに）熱的に接触させると，系 A では，
$$\Delta S_A = \frac{-Q}{T_A} < 0$$
系 B では，

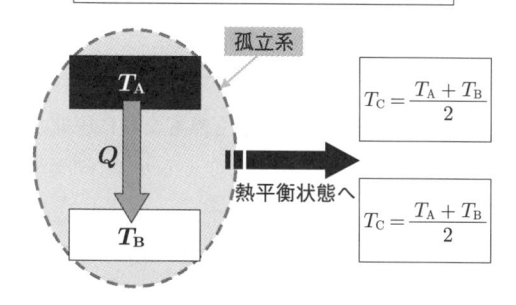

図 4.18 非平衡状態にある孤立系 (2 つの部分系)

$$\Delta S_{\mathrm{B}} = \frac{Q}{T_{\mathrm{B}}} > 0$$

系 A と B の境界面では，

$$\Delta S = \frac{Q}{T_{\mathrm{A}}} - \frac{Q}{T_{\mathrm{B}}} + \Delta S_{\mathrm{gen}} = 0$$

孤立系全体では，$T_{\mathrm{A}} > T_{\mathrm{B}}$ のとき，

$$\Delta S_{\mathrm{total}} = \Delta S_{\mathrm{A}} + \Delta S + \Delta S_{\mathrm{B}} = -\frac{Q}{T_{\mathrm{A}}} + \frac{Q}{T_{\mathrm{B}}} > 0$$

となり，エントロピーが増大することがわかる．また，熱平衡状態では，$T_{\mathrm{A}} = T_{\mathrm{B}}$ なので，

$$\Delta S_{\mathrm{total}} = 0$$

となり，エントロピーは最大となる．したがって，2 つに区切られた状態のほうがエントロピーは小さいことがわかる．このように，エントロピー増大の原理は熱力学の根本問題における要請に他ならない．

4.10 不可逆過程の代表例

不可逆過程の代表例である**摩擦現象**，**熱伝導現象**および**理想気体の断熱自由膨張**について，これらの現象が不可逆であることを熱力学第 2 法則に基づいて説明することができる．

摩擦現象は摩擦仕事によって熱を発生し，物体が高温になる現象であり，これが可逆であるとすると，その物体だけから熱を奪って仕事ができることにな

る．熱伝導現象は熱が高温物体から低温物体に移動する現象であり，これが可逆であるとすると，低温から高温に熱が移動することになる．理想気体の断熱自由膨張は理想気体が真空中へ膨張する現象（このとき，温度は変化しない）であり，これが可逆であるとすると，等温で外部から熱をもらいながら外部に仕事をして膨張した気体が，外界から仕事も熱もなしに圧縮されることになり，一つの熱源からもらった熱をすべて仕事に変えるサイクルが構成できることになる．

不可逆過程の代表例におけるエントロピーの変化は，4.6 節で述べたように，不可逆過程により，ある熱平衡状態から別の熱平衡状態に変化するとき，この変化を可逆過程によって再現することにより算出する．

(1) 摩擦（による物体の高温化）

摩擦仕事によって熱を発生し物体が高温になる現象は，熱源から準静的に熱を吸収する過程によって再現できる．

$$\Delta S = \frac{Q}{T} > 0 \tag{4.38}$$

(2) 熱伝導

熱が高温物体から低温物体に移動する現象は，高温熱源 T_A から準静的に熱を吸収し，同じ量の熱を低温熱源 T_B に準静的に放出する過程によって再現できる．

$$\Delta S = \frac{-Q}{T_A} + \frac{Q}{T_B} = Q\left(\frac{1}{T_B} - \frac{1}{T_A}\right) > 0 \tag{4.39}$$

このように，単に高温熱源から低温熱源にそのまま同じ量の熱量を移動させると大きなエントロピー増加となる．

【演習 4.16】 長い棒における熱伝導現象

図 4.19 に示すように，高温熱源から低温熱源への定常的な熱移動を一次元的な長い棒で熱源をつなぐことにより行う．このときの長い棒の内部でのエントロピー生成について考えよ．棒の長さを l，断面積を A とする．

〔解答〕

熱源からの熱移動は可逆と見なされるので 2 つの熱源におけるエントロピー生成はない．また，長い棒は定常なのでエントロピーの変化はない．したがって，この系における熱伝導によるエントロピーの増加は長い棒におけるエントロピー生成

4.10 不可逆過程の代表例

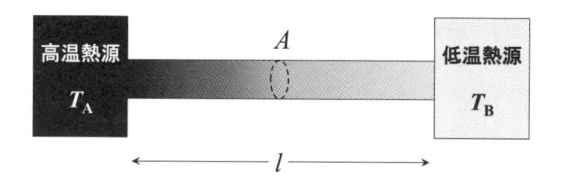

図 4.19 定常熱伝導におけるエントロピー生成

に他ならない．

局所平衡を仮定すると，熱伝導によるエントロピー生成は次式で与えられることが知られている．

$$\Delta S_{\text{gen}} = \int_V \frac{(-\boldsymbol{q}/T) \cdot \text{grad } T}{T} dV$$

一次元的な長い棒では，定常状態では直線的な温度分布が形成されるので，この分布を代入すると，

$$\Delta S_{\text{gen}} = -\int_0^l \frac{qA\,(dT/dx)}{T^2} dx = Q\left(\frac{1}{T_B} - \frac{1}{T_A}\right) > 0 \qquad \blacksquare$$

前述のように，不可逆過程ではエントロピー生成は必ず正となるので，熱流束ベクトル $\boldsymbol{q}$ と温度勾配ベクトル grad T の内積は負にならなければならない．伝熱工学ではこれらの間に次式が成立するとしている．

$$\boldsymbol{q} = -\lambda\,\text{grad } T \tag{4.40}$$

これをフーリエの法則とよび，λ を熱伝導率という．ここで，grad はベクトル解析の記号でスカラー量の勾配ベクトルである．

熱平衡状態ではエントロピー生成が 0 にならなければならないという極値原理から，変分法によると，対応するオイラーの微分方程式はラプラス方程式になることが知られている．熱伝導場の境界条件に拘束がなければ，この方程式の解は温度が一様になることを示している．

(3) 理想気体の断熱自由膨張

理想気体が真空中へ膨張する現象は，等温で準静的に膨張する過程 $V_1 \to V_2$ によって再現できる．

$$\Delta S = nR \ln\left(\frac{V_2}{V_1}\right) > 0 \tag{4.41}$$

【演習 4.17】 ジュール–トムソン過程でのエントロピー変化

ジュール–トムソン過程で，理想気体のエントロピーはモルあたりどれだけ変化するか．ただし，上流，下流での圧力を P_1, P_2 とする．なお，$P_1 > P_2$ である．
〔解答〕
式 (3.54) により

$$S(T, P) = n \left\{ c_P \ln \left(\frac{T}{T_0} \right) - R \ln \left(\frac{P}{P_0} \right) \right\} + S(T_0, P_0)$$

$$\Delta S = S(T, P_2) - S(T, P_1) = nR \ln \left(\frac{P_1}{P_2} \right)$$

モルあたりのエントロピー変化は

$$R \ln \left(\frac{P_1}{P_2} \right) > 0 \qquad \blacksquare$$

4.11 エネルギー最小の原理

図 4.20 に示すようなエネルギー一定下の過程とエントロピー一定下の過程を考えよう．前者は外界とは断熱・剛体壁で囲まれて熱と仕事のやり取りがない孤立系で実現でき，後者は外界とは断熱壁で囲まれて熱のやり取りはないが，準静的仕事のやり取りがある系で実現できる．前者では，4.9 節のエントロピー最大の原理により，与えられた全エネルギーの値に対してエントロピーが最大と

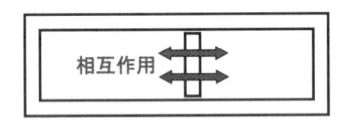

(a) エネルギー一定の系
(孤立系：外界とは断熱・剛体壁で囲まれ，熱と仕事のやり取りがない)

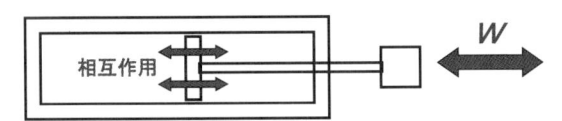

(b) エントロピー一定の系
(外界とは断熱壁で囲まれ熱のやり取りはないが，準静的仕事のやり取りがある)

図 4.20　エネルギー一定およびエントロピー一定の系

4.11 エネルギー最小の原理

なる状態が熱力学的平衡状態となる．後者では，**エネルギー最小の原理**によって，与えられた全エントロピーの値に対してエネルギーが最小となる状態が熱力学的平衡状態となることが知られている．

このように，最終の熱力学的平衡状態は異なる過程を経て到達することがあるが，いかなる過程を経て到達しようとも，最終の熱力学的平衡状態は両方の極値原理を満足するものであることが知られている．実際，「エントロピー最大の原理」を満足する状態が，「エネルギー最小の原理」に反しているとすると，エントロピーを一定に保ったまま，エネルギーを仕事として取り出し，熱として戻すことにより，系のエントロピーを増大させることができる．これは「エントロピー最大の原理」に反する．

このような極値原理の関係は，円を定義する極値条件が「与えられた周囲長に対して最大の面積を有する」あるいは「与えられた面積に対して最小の周囲長を有する」と表現できるのと類似している．どちらの極値条件で作られた円も，いったん作られた後では，両方の極値条件を満足する．

【演習 4.18】 2 つの物体と熱をやり取りして外部に仕事をする系

2 つの同等な（状態方程式 $U = NCT$）部分系 (1), (2) と熱をやり取りして外部に仕事をする系があり，系全体は外界とは断熱されているとする．2 つの物体の最初の状態の温度を T_1, T_2 として，最後の状態の温度 T_f を求めよ．また，外部にする仕事 $(-W)$ を求めよ．なお，系における変化は可逆過程と考えよ．

〔解答〕
図 4.20(b) の系に対応し，ピストンの左側と右側の系が 2 つの部分系と考えられる．微小可逆過程において，

$$d'Q^{(1)} = T^{(1)}dS^{(1)}, \quad d'Q^{(2)} = T^{(2)}dS^{(2)}$$
$$dU^{(1)} = NCdT^{(1)}, \quad dU^{(2)} = NCdT^{(2)}$$
$$d'Q^{(1)} = dU^{(1)}, \quad d'Q^{(2)} = dU^{(2)}$$
$$dS^{(1)} + dS^{(2)} = 0$$

また，
$$\frac{d'Q^{(1)}}{T^{(1)}} + \frac{d'Q^{(2)}}{T^{(2)}} = 0$$

したがって，
$$\frac{NCdT^{(1)}}{T^{(1)}} + \frac{NCdT^{(2)}}{T^{(2)}} = 0$$

全過程について積分すると，

$$\int_{T_1}^{T_\mathrm{f}} \frac{dT^{(1)}}{T^{(1)}} = -\int_{T_2}^{T_\mathrm{f}} \frac{dT^{(2)}}{T^{(2)}}$$

$$\Rightarrow \ln\frac{T_\mathrm{f}}{T_1} = -\ln\frac{T_\mathrm{f}}{T_2}$$

$$\Rightarrow T_\mathrm{f} = \sqrt{T_1 T_2} \leq \frac{T_1 + T_2}{2}$$

外部にした仕事は，

$$-W = -\Delta U = NC(T_1 + T_2) - 2NCT_\mathrm{f}$$
$$= NC\left\{T_1 + T_2 - 2\sqrt{T_1 T_2}\right\}$$

なお，外部へ仕事をしない場合，不可逆過程となり，最後の状態の温度 T_f は

$$T_\mathrm{f} = \frac{T_1 + T_2}{2}$$

となる．このように，物体の温度をより低下させ，仕事が取り出されていることがわかる． ■

【演習 4.19】 2つのタンク中の理想単原子気体の混合

2つの容積1000リットルのタンク(1), (2)には同等な気体（状態方程式 $PV = nRT$，内部エネルギー $U = 1.5\,nRT$）が入っている．それぞれの圧力と温度を 0.5 atm, 20 °C および 1 atm, 80 °C とする．2つのタンクを結ぶバルブを開いた後の平衡状態における系の圧力と温度を求めよ．

〔解答〕
図 4.20(a) の系に対応し，中央の固定壁の左側と右側の系が2つのタンクとし，この固定壁にバルブが設けられていると考える．

バルブを開く前は，

$$0.5 \times 1000 = n^{(1)}R \times (20 + 273.15) \quad \therefore\ n^{(1)}R = 1.7056$$
$$1.0 \times 1000 = n^{(2)}R \times (80 + 273.15) \quad \therefore\ n^{(2)}R = 2.8317$$
$$U^{(1)} = 1.5 \times n^{(1)}R \times (20 + 273.15) = 750$$
$$U^{(2)} = 1.5 \times n^{(2)}R \times (80 + 273.15) = 1500$$

バルブを開いた後の平衡状態では，エネルギー一定の変化なので，

$$U^{(1)} + U^{(2)} = 1.5(n^{(1)} + n^{(2)})RT \quad \therefore\ T = 330.5\text{ K}$$
$$P \times (1000 + 1000) = (n^{(1)} + n^{(2)})RT \quad \therefore\ P = 0.75\text{ atm} \quad ■$$

4.12 エントロピーの統計力学的な意味

マクスウェルの速度分布関数を用いてエントロピーをミクロな視点で考察してみよう．

体積 V の容器内で N 個の分子が運動していると考えよう．速度空間を粗視化し，同一の体積 Δ の各区間 i における粒子数を N_i，微視的に区別できる運動状態の数を G_i とすると，通常は $G_i \gg N_i$ と考えられるので，順列組合せにより区別可能な微視的な状態の数 W_i は，

$$W_i = \frac{(G_i)^{N_i}}{N_i!} \tag{4.42}$$

となる．ここで，N_i は前述のマクスウェルの速度分布関数で与えられる．また，G_i は量子力学によって求められるが，容器の体積 V と区間体積 Δ に比例すると考えられ，次式で表される．

$$G_i = AV\Delta, \quad \left(A = (m/h)^3\right) \tag{4.43}$$

ここで，m は分子の質量，h はプランク定数である．気体全体における，区別可能な微視的な状態の数は

$$W = \prod_i W_i = \prod_i \frac{(G_i)^{N_i}}{N_i!} = \frac{(AV\Delta)^{N_i}}{\prod_i N_i!} \tag{4.44}$$

したがって，

$$\begin{aligned}
\ln W &= N\ln(AV\Delta) - \sum_i Nf(\boldsymbol{v}_i)\Delta\left(\ln\{Nf(\boldsymbol{v}_i)\Delta\} - 1\right) \\
&= N\ln\frac{AV}{N} + N\ln N\Delta - \sum_i Nf(\boldsymbol{v}_i)\Delta\ln\{f(\boldsymbol{v}_i)\} \\
&\quad - N\ln N\Delta + N \\
&= N\ln\frac{AV}{N} - \sum_i Nf(\mathbf{v}_i)\Delta\ln\{f(\mathbf{v}_i)\} + N \\
&= N\left[\ln\frac{AV}{N} - \ln\left(\frac{m}{2\pi kT}\right)^{\frac{3}{2}} + \sum_i f(\boldsymbol{v}_i)\Delta\frac{mv_i^2}{2kT} + 1\right] \\
&= N\left(\ln\frac{AV}{N} + \frac{3}{2}\ln\frac{2\pi kT}{m} + \frac{5}{2}\right) \tag{4.45}
\end{aligned}$$

一方，マクロな熱力学の式 (3.54) より，単原子気体では，

$$S = nR\left(\ln\frac{V}{V_0} + \frac{3}{2}\ln\frac{T}{T_0}\right) + S_0 \tag{4.46}$$

両者を比較すると，**ボルツマンの原理**

$$S = k\ln W \tag{4.47}$$

が得られる．ミクロな状態の数が多いほどマクロなエントロピーが大きいことがわかり，エントロピーは系の秩序度を表すという解釈ができる．

　エントロピーは微視的な状態の数の総数の対数で定義されている．これは，全体系の微視的な状態の数が部分系のそれの積で表されるので，対数を取ることによりエントロピーが各系の微視的な状態の数の和になり，示量変数になることを示唆している．

4.13　熱力学第3法則（ネルンストの定理）

　化学的に一様で，有限な密度の物体のエントロピーは，温度が絶対零度に近づくと，圧力，密度，集合状態によらず，一定の値に近づくことが知られている．このことを**熱力学第3法則（ネルンストの定理）** という．式で表すと，

$$\lim_{T\to 0}\{S_2(T) - S_1(T)\} = 0 \tag{4.48}$$

ということになる．また，7.2節で示されるように，エントロピーはどんな条件下でも温度の低下とともに減少するので，ネルンストの定理から，絶対零度に近づくと，エントロピーは減少し一定の最低値に近づくことになる．したがって，この最低値を0と定めることにされている．絶対零度近傍でのエントロピーの変化の様子の例を図4.21に示す．

　エントロピーの温度以外の状態量による微分係数は，条件の差異によるエントロピーの違いを表していると考えられるので，ネルンストの定理より，絶対零度において0になる．特に，すべての比熱，熱膨張係数は絶対零度において0になる．

　なお，熱力学第3法則に基づいて絶対零度でエントロピーを0とすることは，統計力学的には，絶対零度においては巨視的状態が唯一つの微視的状態を含むに過ぎないことを意味している．

4.13 熱力学第3法則（ネルンストの定理）

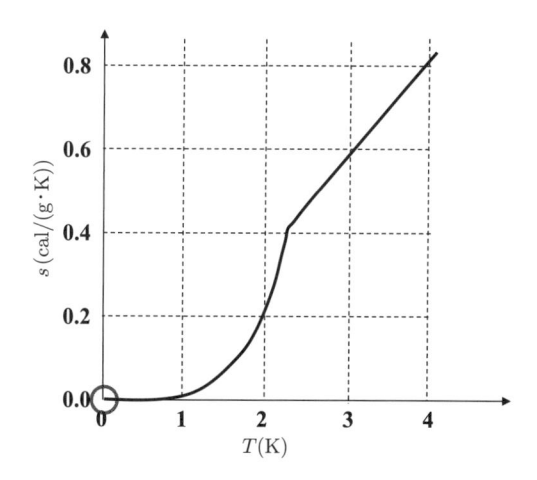

図 4.21 絶対零度近傍でのエントロピー（液体ヘリウム）

ネルンストの定理より，どのような方法を使っても有限の過程で絶対零度には到達することはできないことになる．このことを絶対零度の到達不可能性という．一般に等温線と断熱線は異なり，等温線 $T=0$ だけが断熱線 $S=0$ に重なる．したがって，どのような断熱線（$S \neq 0$）も絶対零度には到達しない．

【演習 4.20】 絶対零度付近の気体の体膨張率と熱圧力係数

熱力学第3法則により，絶対零度に近づくと気体の体膨張率と熱圧力係数は0になることを示せ．

〔解答〕
定義において，後に説明する式 (6.10) を用いてエントロピーで表し，ネルンストの定理を適用すると，

$$\alpha \equiv \frac{1}{V}\left(\frac{\partial V}{\partial T}\right)_P = -\frac{1}{V}\left(\frac{\partial S}{\partial P}\right)_T \to 0 \quad (T \to 0)$$

$$\beta \equiv \left(\frac{\partial P}{\partial T}\right)_V = \left(\frac{\partial S}{\partial V}\right)_T \to 0 \quad (T \to 0)$$

問題 4

- 4.1 熱力学第2法則について説明し，この法則の帰結であるクラウジウスの不等式を用いてどのようにエントロピーが導入されたか説明せよ．
- 4.2 カルノーサイクルについて説明せよ．
- 4.3 エントロピー増大の原理について説明せよ．
- 4.4 不可逆過程と可逆過程について説明せよ．
- 4.5 一般的なカルノーサイクルに基づいて熱力学温度が定義されることを説明せよ．
- 4.6 エントロピーに関するボルツマンの原理について説明せよ．
- 4.7 熱力学第3法則について説明せよ．

5章 熱機関および冷凍機・ヒートポンプのサイクル

熱機関の実用的なサイクルであるオットーサイクル，ブレイトンサイクル，ディーゼルサイクルおよびスターリングサイクルについて説明し，それぞれの熱効率を与える．また，熱機関の逆サイクルである冷凍機・ヒートポンプのサイクルについても説明し，それらの成績係数を与える．

5.1 作動流体と熱源の温度

可逆サイクルでは，作動流体と熱源の温度は等しいとしているが，実際にはこれらの間に有限の温度差が存在する．この状況を2つだけの熱源を考えた熱機関（エンジン）について図5.1(a)，同様に冷凍機・ヒートポンプについて図5.1(b) に示す．この有限の温度差における伝熱現象によるエントロピー生成が存在する．

5.2 熱機関の実用的なサイクル

熱力学の理論体系を構築するためには，作動流体の種類に依存しないカルノーサイクルを考えたが，実用的なサイクルでは作動流体の種類によりその性能が変わる．なお，ここで考えるサイクルでは，すべて状態空間上の曲線で表された可逆過程であることに注意しなければならない．したがって，作動流体の温度変化に応じて無数の熱源を用意して温度差0での熱移動を行い，かつ，熱機関では可逆変化のみが起こると考える．

実際には，作動流体は種々の混合気体となり，燃料と空気の混合気体（予混合

5章 熱機関および冷凍機・ヒートポンプのサイクル

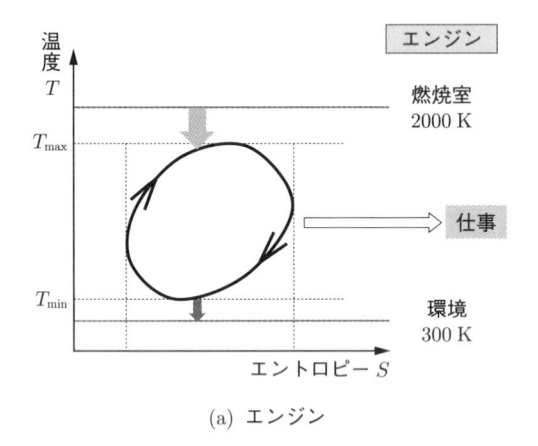

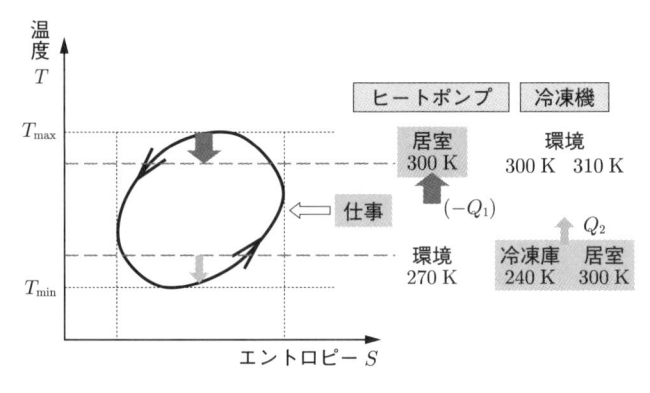

(a) エンジン

(b) 冷凍機とヒートポンプ

図 5.1 作動流体と熱源の温度の関係

気という）の燃焼，燃焼ガスの排出からなる**オープンサイクル**であるが，簡単のために，空気サイクルとして，作動流体は空気からなる理想気体と考え，標準状態の空気の物性値を利用する．また，作動ガス量は一定とし，燃焼による発熱は外部からの加熱，燃焼ガスの排出は外部からの冷却と見なし，**クローズドサイクル**に置き換える．

さらに，複雑な状態変化は基本的な状態変化で置き換える．

【演習 5.1】 自動車のエンジン

ある自動車のエンジンが 80 PS（馬力）の出力で，熱効率 25 ％で作動している．

5.2 熱機関の実用的なサイクル

このとき，このエンジンが1時間で消費する燃料の質量を求めよ．ただし，この燃料の燃焼による発熱量 H は 4.4×10^7 J/kg とする．

〔解答〕

熱効率の定義より，必要な供給熱量は

$$\dot{Q}_1 = \frac{(-\dot{W})}{\eta} = \frac{80 \text{ PS} \times 0.735 \text{ kW/PS}}{0.25} = 235.2 \text{ kW}$$

したがって，1時間で消費する燃料の質量は

$$\dot{m} = \frac{\dot{Q}_1}{H} = \frac{235.2 \times 10^3 \times 3600}{4.4 \times 10^7} = 19.2 \text{ kg/h}$$

5.2.1 オットーサイクル

オットーサイクルはカルノーサイクルの等温過程による加熱・放熱を，より現実的な等積過程に置き換えたものであり，ガソリンエンジンの動作をよく近似している．ガソリンエンジンでは，可燃範囲にある予混合気に火花点火するため極めて急速な加熱が実現されるためである．すなわち，このサイクルは，図 5.2 に示すように次のような過程となる．

(始) E→A：気体および燃料の取り入れ
 (1) A→B：断熱圧縮
 (2) B→C：等積加熱（上死点：体積 V_1）［燃焼］
 (3) C→D：断熱膨張
 (4) D→A：等積放熱（下死点：体積 V_2）［冷却］
(終) A→E：排気

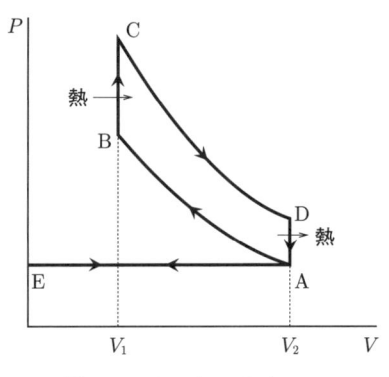

図 5.2 オットーサイクル

シリンダー容積が最も大きい下死点における体積 V_2 と，最も小さい上死点における体積 V_1 の比を**圧縮比** $\varepsilon = V_2/V_1$ とよぶ．この圧縮比を用いてこのサイクルの効率は，作動気体が温度に依存しない比熱をもつ理想気体の場合，次式のように表される．

$$\eta_O = 1 - \frac{1}{\varepsilon^{\gamma-1}} \tag{5.1}$$

この式では，作動流体に依存する比熱比が現れ，熱源の温度だけでは熱効率は定まらない．

【演習 5.2】 オットーサイクルの熱効率

オットーサイクルの熱効率を誘導せよ．

〔解答〕

一定の定積モル比熱 c_v の理想気体 n モルから成る系にオットーサイクルを行わせる．過程 B→C で系が吸収する熱量を Q_{BC}，過程 D→A で系が放出する熱量を $-Q_{DA}$ とする．また，過程 A→B での圧縮仕事を W_{AB}，過程 C→D での膨張仕事を $-W_{CD}$ とする．

$$\frac{T_C}{T_D} = \frac{T_B}{T_A} = \left(\frac{V_2}{V_1}\right)^{\gamma-1} = \frac{T_C\left(1 - \frac{T_B}{T_C}\right)}{T_D\left(1 - \frac{T_A}{T_D}\right)} = \frac{T_C - T_B}{T_D - T_A}$$

$$Q_{BC} = nc_V(T_C - T_B), \quad -Q_{DA} = nc_V(T_D - T_A)$$

$$\frac{Q_{BC}}{-Q_{DA}} = \frac{T_C - T_B}{T_D - T_A} = \left(\frac{V_2}{V_1}\right)^{\gamma-1}$$

$$W_{AB} = \Delta U = nc_V(T_B - T_A)$$

$$-W_{CD} = nc_V(T_D - T_C)$$

$$\eta = \frac{-W}{Q_{BC}} = \frac{W_{CD} - W_{AB}}{Q_{BC}}$$

$$= \frac{(T_C - T_B) - (T_D - T_A)}{T_C - T_B}$$

$$= 1 - \left(\frac{V_1}{V_2}\right)^{\gamma-1} = 1 - \frac{1}{\varepsilon^{\gamma-1}} \qquad ∎$$

5.2 熱機関の実用的なサイクル

【演習 5.3】 オットーサイクルの例

オットーサイクルについて以下の問いに答えよ．
(1) オットーサイクルで C, D, E の圧力，仕事量および熱効率を求めよ．ただし，$P_B = 1$ atm, $t_B = 25$ °C とし，給熱量 $Q_1 = 542000$ kcal/60.75 kmol, 圧縮比 $\varepsilon = 5$, $c_v = 5.0$ kcal/(°C·kmol), $\gamma = 1.4$ とせよ．
(2) 空気標準のオットーサイクルで $\varepsilon = 7$ とし，最高および最低温度を 1650 °C および 32 °C とする．圧縮始めの圧力を 1 atm として次の諸量を求めよ．
  (a) 圧縮後の温度および圧力，(b) 供給熱量
(3) 空気標準のオットーサイクルで圧縮前の温度は 5 °C, 圧力は 1 atm とし $\varepsilon = 5$, 給熱量 120 kcal/kg として次の諸量を求めよ．
  (a) 最高温度および圧力，(b) 熱効率，(c) 排熱量

〔解答〕
(1) $P_C = 9.52$ atm, $P_D = 39.5$ atm, $P_E = 4.14$ atm,
　　$W = 1.808 \times 10^6$ kgf·m/kmol, $\eta = 0.475$
(2) (a) 圧縮後の温度 664.3 K, 圧力 15.25 atm,
　　(b) 供給熱量 215.3 kcal/kg
(3) (a) 最高温度 1231.0 K および圧力 22.1 atm,
　　(b) 熱効率 0.475,
　　(c) 排熱量 63.04 kcal/kg　∎

【演習 5.4】 オットーサイクル（残留ガスがある場合）

シリンダ容積 V_1, 圧縮比 $\varepsilon = 8$ であるオットーサイクルにおいて，圧縮はじめの作動ガスの圧力は $P_1 = 101.325$ kPa, 温度は $T_1 = 293.15$ K であるとする．空気サイクル（定積比熱 $c_v = 0.72$ kJ/(kg·K), 比熱比 $\gamma = 1.4$）として，このサイクルの熱効率を求めよ．ただし，燃焼による発熱量は予混合気 1 kg あたり 2780 kJ/kg とせよ．なお，予混合気を吸入する時点で，前のサイクルの燃え残りのガスが残留していることに注意せよ．

〔解答〕
空気に対する状態方程式は，
　　$Pv' = R'T$, 　$R' = 287.03$ J/(kg·K),
したがって 1 気圧 20°において $\rho = 1.204$ kg/m^3, 　$v'_1 = 0.8304$ m^3/kg
発熱量 Q_h は，予混合気と燃え残りガスの混合気 1 kg あたりでは，
$$Q_h = 2780 \times \left(1 - \frac{1}{\varepsilon}\right) = 2780 \times 0.875 = 2432.5 \text{ kJ/kg}$$

圧縮後の体積 v_2'，圧力 P_2 および温度 T_2 は，

$$v_2' = v_1'/\varepsilon = 0.1038 \text{ m}^3/\text{kg}$$

$$P_2 = P_1 \left(\frac{v_1'}{v_2'}\right)^\gamma = 0.101325 \times 8^{1.4} = 1.862 \text{ MPa}, \quad T_2 = \frac{P_2 v_2'}{R'} = 673 \text{ K}$$

加熱後の圧力 P_3 と温度 T_3 は，

$$2432.5 = c_v(T_3 - T_2) = 0.72(T_3 - 673)$$

$$\therefore \ T_3 = 4052 \text{ K}, P_3 = \frac{R'T_3}{v_3'} = 11.21 \text{ MPa}$$

膨張後の圧力 P_4 と温度 T_4 は，

$$P_4 = P_3 \left(\frac{v_3'}{v_4'}\right)^\gamma = 11.21 \times 8^{-1.4} = 0.610 \text{ MPa}, \quad T_4 = \frac{P_4 v_4'}{R'} = 1762 \text{ K}$$

放熱量 $-Q_C$ は，

$$-Q_c = -c_v(T_1 - T_4) = -0.72(293.15 - 1762) \quad \therefore \ -Q_c = 1058 \text{ kJ/kg}$$

熱効率 η は，

$$-W = Q_h + Q_c = 2432.5 - 1058 = 1375 \text{ kJ/kg}, \quad \eta = \frac{1375}{2432.5} = 0.565$$

エントロピーの変化は，

$$ds = \frac{c_v}{T} dT, \quad s = c_v \ln\left(\frac{T}{T_0}\right) = 0.72 \ln\left(\frac{1762}{293.15}\right) = 1.2925 \text{ kJ/(kg·K)}$$

このオットーサイクルの線図を図 5.3 に示す．

【演習 5.5】 実際のエンジンの熱効率

オットーサイクルの理論熱効率はかなり大きいが，実際のエンジンの熱効率はせいぜい 30 % 程度になってしまう．これはなぜか考えよ．

〔解答〕
熱力学第 2 法則により理論的に捨てざるを得ない放熱による損失は排気損失のみであるが，実際のエンジンでは，これ以外に冷却損失（ピストン・シリンダーが焼き付いてしまうのを防ぐために壁面を冷却しなければならない），摩擦損失（ピストンの運動や車軸における機械的な摩擦により無駄な熱に変わってしまう），放射損失などがあり，軸出力は低減してしまう．

また，実際の燃料–空気サイクルでは温度の上昇により比熱が増大すること，高温では熱解離が起こることから，燃焼後の温度上昇が抑制され，シリンダー内圧力が低下することが知られている．

5.2 熱機関の実用的なサイクル 115

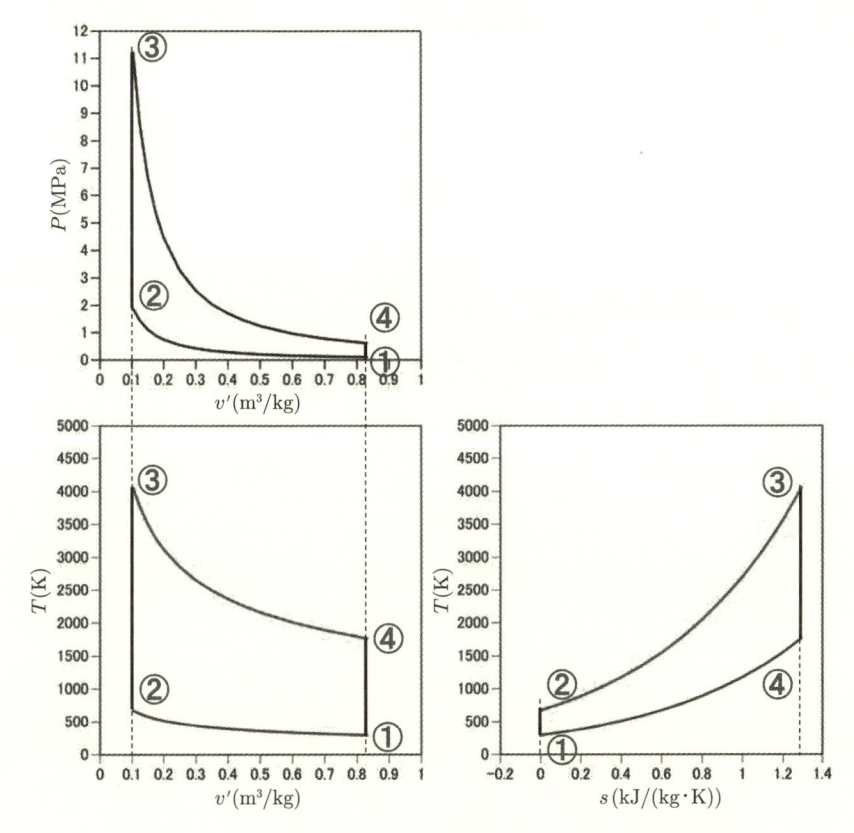

図 5.3 オットーサイクルの Pv 線図，Tv 線図および Ts 線図

さらに，燃焼は上死点で一瞬に起こるわけではなく，ある程度の所要時間が必要であり上死点に達する前に点火し，上死点を過ぎた後に燃焼が終了するため，これにより得られる仕事が低減する．排気も同様に下死点で瞬間的に排気できるわけではなく，排気吹き出し損失がある．また，不完全燃焼による損失や，シリンダー内ガス流動損失もある． ∎

5.2.2 ディーゼルサイクル

ディーゼルサイクルは，ディーゼルエンジンの動作を近似したものであり，オットーサイクルにおける等積加熱を等圧加熱に置き換えたものである．ディー

ゼルエンジンでは，大きな圧縮比で空気を圧縮し高温・高圧にしたところに燃料を噴射することで，自着火による拡散燃焼が生じ，等圧過程による燃焼加熱が実現されるためである．

【演習 5.6】 ディーゼルサイクルの熱効率
ディーゼルサイクルの熱効率を求めよ．
〔解答〕
作動気体が温度に依存しない比熱をもつ理想気体の場合の熱効率は

$$\eta_\mathrm{D} = 1 - \frac{1}{\varepsilon^{\gamma-1}} \frac{\sigma^\gamma - 1}{\gamma(\sigma - 1)}$$

となる．ここで，ε は圧縮比，σ は締切比とよばれる等圧加熱の終わりの体積と最も小さい体積の比である．オットーサイクルとの差異は上式の締切比の項 $(\sigma^\gamma - 1)/\{\gamma(\sigma - 1)\}$ である．この項は通常 1 より大きいので，圧縮比が同じならば，ディーゼルサイクルの熱効率はオットーサイクルよりも小さい．しかしながら，ディーゼル機関では，ガソリン機関のようなノッキングが起こらないので圧縮比を大きくでき，一般的には熱効率は大きくなる．　∎

5.2.3 ブレイトンサイクル

ブレイトンサイクルはカルノーサイクルの等温過程による加熱・放熱を，等圧過程に置き換えたものであり，ガスタービンの動作を近似したものである．

【演習 5.7】 ブレイトンサイクルの熱効率
ブレイトンサイクルの熱効率を求めよ．
〔解答〕
作動気体が温度に依存しない比熱をもつ理想気体の場合の熱効率は

$$\eta_\mathrm{B} = 1 - \left(\frac{P_\mathrm{A}}{P_\mathrm{B}}\right)^{1-\frac{1}{\gamma}}$$

となる．ここで，P_A は低圧側の圧力，P_B は高圧側の圧力である．　∎

5.2.4 スターリングサイクル

スターリングサイクルを図 5.4 に示す．スターリングエンジンは**再生器付き外燃機関**であり，断熱変化のプロセスの替わりに，再生器を用いて等積加熱・冷

5.2 熱機関の実用的なサイクル

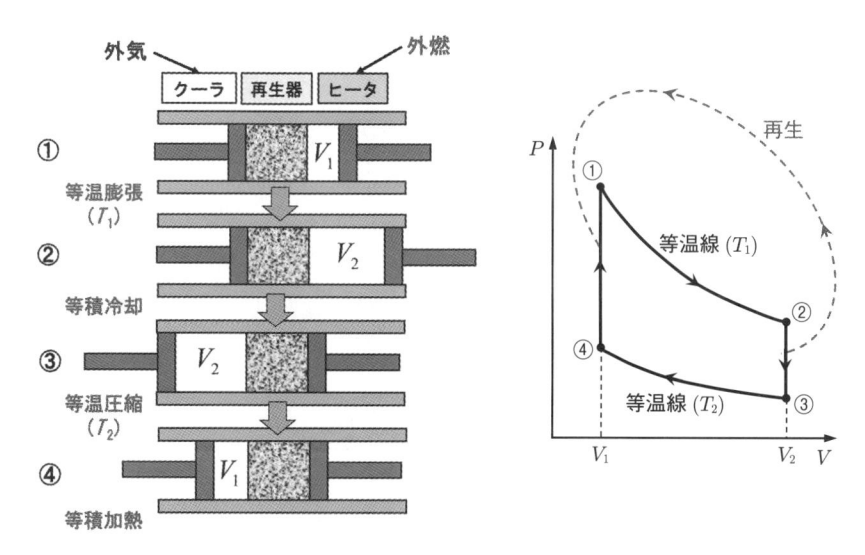

図 5.4 スターリングサイクル

却し，これらの熱を互いに利用する．外燃機関であるのでシリンダ内でガス爆発させないため静粛性に優れており，熱源を選ばないという特徴がある．ただし，ヒータとクーラでの等温過程での熱のやり取りがあり，伝熱過程が重要となり，高性能の熱交換器を用いなければ熱をサイクルの作動流体に取り込むことができない．このため，本来捨てても惜しくない廃熱の回収に用いられているのが現状である．また，再生器の伝熱過程も理想的な場合を仮定している．実際には，そんなに都合よく加熱冷却ができるとは限らない．

【演習 5.8】 スターリングサイクルの熱効率
　スターリングサイクルの熱効率を求めよ．
〔解答〕
　再生器における熱のやり取りは熱源とは無関係であるので，熱効率はカルノーサイクルと同じとなる． ∎

5.3 冷凍機・ヒートポンプのサイクル

冷凍機・ヒートポンプのサイクルの成績係数と熱源温度との関係を図 5.5 に示す．成績係数は居室あるいは冷凍庫の温度が環境の温度に近くなると無限大になる．冷凍機の成績係数は 1 より小さくなることはある．特に，ヒートポンプの場合には，成績係数は 1 よりかなり大きくなくては，単に安価な電熱パネルを用いればよいので，このような高価な装置を用いる意味はない．また，冷凍機・ヒートポンプを有効に利用するためには，環境温度との関係で適切な温度範囲で蒸発・凝縮が起こる作動流体としての**冷媒**が必要である．

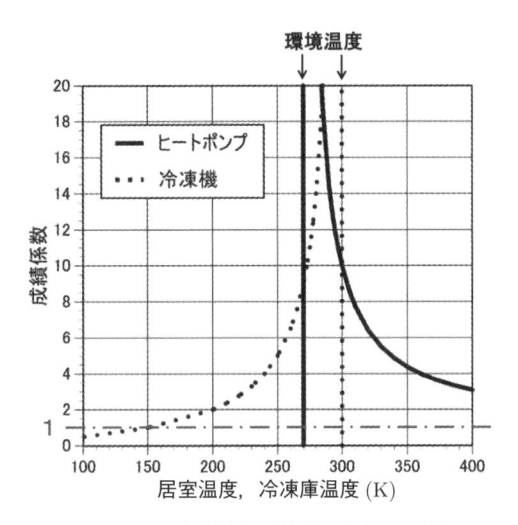

図 5.5 成績係数と熱源温度との関係

【演習 5.9】 空調機の性能

夏に部屋を空調機（エアコン）で冷房することを考える．外気温が 37 °C の時に，室内の温度を常に 25 °C に保つようにしたい．このエアコンを作動させるための必要最小動力を求めよ．ただし，外から室内への熱侵入量は 3 kW であるとする．

〔解答〕
逆カルノーサイクルで冷凍機を作動させた場合の動力が最小なので，式 (4.33) より，

5.3 冷凍機・ヒートポンプのサイクル

$$\varepsilon_\mathrm{r} = \frac{T_2}{T_1 - T_2} = \frac{25 + 273.15}{37 - 25} = 24.8$$

室内から取り出す熱量は外部からの熱侵入量に等しければよいので，必要最小動力は，

$$\dot{W} = \frac{\dot{Q}_2}{\varepsilon_\mathrm{r}} = \frac{3 \text{ kW}}{24.8} = 121 \text{ W}$$

となる．実際の空調機の成績係数は 3～4 であり，理論的上限よりかなり小さいことに注意する必要がある．

問題 5

5.1 熱機関の熱効率および冷凍機・ヒートポンプの成績係数の定義について説明し，カルノーサイクルおよび逆カルノーサイクルを用いた場合において熱源の温度を用いて表した式を示せ．

5.2 熱機関の実用的なサイクルであるオットーサイクル，ブレイトンサイクル，ディーゼルサイクルおよびスターリングサイクルについて説明し，それぞれの熱効率について比較せよ．

6章 熱力学関数

　熱力学恒等式は内部エネルギーの固有の独立変数がエントロピーと体積であることを示唆している．これに基づき，種々の独立変数の組み合わせに対するいくつかの熱力学関数をルジャンドル変換によって定義する．また，これに関連してマクスウェルの関係式を導く．さらに，粒子数が変化する系に対して熱力学恒等式を拡張するとともに，気体以外の物質への熱力学の応用についても解説する．同時に，基本方程式の考え方を説明し，状態方程式との関係について示す．

6.1 熱力学恒等式の導出

　4.6節ですでに述べたように，熱力学第1法則と第2法則（準静的変化）より，状態 ① から状態 ② への微小過程における状態量の変化 dU, dS および dV の間には次式で表される**熱力学恒等式（ギブズの公式）**が成立する．

$$dU = TdS - PdV \tag{6.1}$$

この式を導出する際に準静的過程を用いたが，得られた恒等式は微小過程が可逆的であるか不可逆的であるかには関係なく，状態 ① と ② の間で成立する関係式である．この恒等式は物理的な考察により得られたものであり，内部エネルギー U の「自然な（固有の）」独立変数はエントロピー S と体積 V であることを示唆している．したがって，U を S と V の関数と考えて全微分展開すると，

$$dU = \left(\frac{\partial U}{\partial S}\right)_V dS + \left(\frac{\partial U}{\partial V}\right)_S dV \tag{6.2}$$

この式を熱力学恒等式と対応させると，

$$\left(\frac{\partial U}{\partial S}\right)_V = T, \quad \left(\frac{\partial U}{\partial V}\right)_S = -P \tag{6.3}$$

このように，内部エネルギーがエントロピー S と体積 V の関数として求められておれば，熱力学恒等式より他の状態量（ここでは温度と圧力）も導くことができ，系の性質はすべてわかることになる．このような関数のことを**熱力学関数**という．

6.2　ルジャンドル変換による熱力学関数の導入

　前節で独立変数の組み合わせとしてエントロピー S と体積 V で表された内部エネルギー U は熱力学関数であることが示されたが，もっと実験的に計測しやすい独立変数の組み合わせで表される熱力学関数があると便利である．内部エネルギーからこのような新しい熱力学関数を定義する数学的手法，すなわち状態変数を取り換える手法として**ルジャンドル変換**がある．

　ルジャンドル変換の例として，まず，内部エネルギーから**ヘルムホルツの自由エネルギー** F を導入することを考えよう．内部エネルギー U は示量変数 S と V を独立変数とする熱力学関数であるが，次式のように，示量変数 S ではなく測定しやすい示強変数である温度 T を独立変数として表したい．

$$U(S,V) \Rightarrow U(T,V), \quad ここで\ T = \left(\frac{\partial U}{\partial S}\right)_V \tag{6.4}$$

しかし，示強変数 T は上式のように示量変数の微分係数で表されるので，未定の積分定数を含んでしまう．そこで，一つの曲線が「接線族の包絡線」で表されることから，接線族を与える関係式を考える．このためには，接線の切片 F（これがヘルムホルツの自由エネルギーとなる）を微分係数 T の関数として与えればよい．

$$T = \left(\frac{\partial U}{\partial S}\right)_V = \frac{U - F}{S - 0} \tag{6.5}$$

変形すると，

$$F(T,V) = U(S,V) - TS = U(S,V) - \left(\frac{\partial U}{\partial S}\right)_V S \tag{6.6}$$

上式で，U と S を消去すれば，F が T と V の関数で与えられる．このように，ルジャンドル変換では，変換後の関数は変換前の関数に変換前後の独立変数の積を足し合わせたものになっている．

これ以外にも，エンタルピーやギブズの自由エネルギーもルジャンドル変換で導入された熱力学関数である．すなわち，式 (3.26) で導入された**エンタルピー** H は，内部エネルギーの独立変数 V を示強変数の P に変えるために内部エネルギーに積 PV を足し合わせ，独立変数の組み合わせを S と P にしたものであり，

$$H \equiv U + PV \tag{6.7}$$

ギブズの自由エネルギー G はエンタルピーの独立変数 S を T に変えるためにエンタルピーに積 TS を足し合わせ，独立変数の組み合わせを T と P にしたものである．すなわち，

$$G \equiv H - TS$$
$$= U + PV - TS \tag{6.8}$$

である．式 (6.6), (6.7), (6.8) で出てきた F, H, G は熱力学ポテンシャルとよばれ，熱力学では重要な役割を果たす．しかし，式 (6.1) 以上の情報を含むものではなく，ある意味で簡便法と思ってよい．

また，熱力学恒等式そのものを変形すればエントロピーも熱力学関数であることがわかる．これらをまとめて以下に示す．

$$\begin{aligned}
&U(S,V), & &dU = TdS - PdV \\
&H(S,P) \equiv U + PV, & &dH = TdS + VdP \\
&F(T,V) \equiv U - TS, & &dF = -SdT - PdV \\
&G(T,P) \equiv H - TS = U + PV - TS, & &dG = -SdT + VdP \\
&S(U,V), & &dS = \frac{1}{T}dU + \frac{P}{T}dV
\end{aligned} \tag{6.9}$$

なお，ルジャンドル変換については参考書 [清水] に詳しい解説がある．

【演習 6.1】 ギブズ–ヘルムホルツの方程式

次式で表されるギブズ–ヘルムホルツの方程式を導け．

$$U(S,V) = H(S,P) - PV = H(S,P) - P\left(\frac{\partial H}{\partial P}\right)_S = -P^2\left[\frac{\partial}{\partial P}\left(\frac{H}{P}\right)\right]_S$$

$$U(S,V) = F(T,V) + TS = F(T,V) - T\left(\frac{\partial F}{\partial T}\right)_V = -T^2\left[\frac{\partial}{\partial T}\left(\frac{F}{T}\right)\right]_V$$

6.2 ルジャンドル変換による熱力学関数の導入

$$H(S,P) = G(T,P) + TS = G(T,P) - T\left(\frac{\partial G}{\partial T}\right)_P = -T^2\left[\frac{\partial}{\partial T}\left(\frac{G}{T}\right)\right]_P$$

〔解答〕

逆算すれば明らか. ■

【演習 6.2】 理想気体の熱力学関数 $F(T,V)$, $G(T,P)$

理想気体の熱力学関数 $F(T,V)$, $G(T,P)$ を求めよ.

〔解答〕

F と G の定義で，理想気体における内部エネルギーとエンタルピーを熱容量で表した式 (3.47) を用いて内部エネルギーとエンタルピーを温度で表し，さらにエントロピーの式 (3.54) を用いてエントロピーを温度と体積あるいは圧力で表せばよい.

$$F(T,V) = U - TS$$
$$= C_V(T - T_0) + U_0 - T\left\{C_V\ln\left(\frac{T}{T_0}\right) + nR\ln\left(\frac{V}{V_0}\right) + S_0\right\}$$

$$G(T,P) = H - TS$$
$$= C_P(T - T_0) + U_0 + nRT_0 - T\left\{C_P\ln\left(\frac{T}{T_0}\right) - nR\ln\left(\frac{P}{P_0}\right) + S_0\right\}$$
■

【演習 6.3】 解析力学におけるルジャンドル変換

解析力学においても熱力学関数と同様な物理量があり，ルジャンドル変換が用いられていることを説明せよ.

〔解答〕

解析力学では，ラグランジュの運動方程式で用いられるラグランジアン L からハミルトニアン H を導入するのにルジャンドル変換が使用されている.

$$-H(q,p) = L(q,\dot{q}) - p\dot{q} = L(q,\dot{q}) - \left(\frac{\partial L}{\partial \dot{q}}\right)_q \dot{q}$$

この場合にはラグランジアンの独立変数である一般化座標 q とその速度 $\dot{q}$ から，一般化座標 q と一般化運動量 p の組み合わせに変換している．これ以外にも，熱力学と解析力学には共通した考え方が多く用いられている. ■

6.3 マクスウェルの関係式

多変数関数の二階微分係数が，微分の順序によらないことから次式が得られる．これを**マクスウェルの関係式**という．

$$\left(\frac{\partial P}{\partial S}\right)_V = -\left(\frac{\partial T}{\partial V}\right)_S$$
$$\left(\frac{\partial V}{\partial S}\right)_P = \left(\frac{\partial T}{\partial P}\right)_S$$
$$\left(\frac{\partial S}{\partial V}\right)_T = \left(\frac{\partial P}{\partial T}\right)_V \quad (6.10)$$
$$\left(\frac{\partial S}{\partial P}\right)_T = -\left(\frac{\partial V}{\partial T}\right)_P$$

これらの式の右辺は P，V，T の変化率となり，これらは測定しやすい量であり，また状態方程式を直接代入して算出できる量である．

【演習 6.4】 理想気体のエントロピー $S(T,V)$ および $S(T,P)$

理想気体のエントロピー $S(T,V)$ および $S(T,P)$ を状態方程式から求めよ．この際，マクスウェルの関係式を用いて式を変形せよ．

〔解答〕
エントロピーを T と V の関数と考えて全微分展開し，マクスウェルの関係式を用いて式を変形した上で，理想気体の状態方程式を代入すればよい．

$$dS = \left(\frac{\partial S}{\partial T}\right)_V dT + \left(\frac{\partial S}{\partial V}\right)_T dV = \left(\frac{\partial S}{\partial T}\right)_V dT + \left(\frac{\partial P}{\partial T}\right)_V dV$$
$$= \frac{C_V}{T}dT + \frac{nR}{V}dV$$

積分して，

$$S(T,V) = C_V \ln\left(\frac{T}{T_0}\right) + nR \ln\left(\frac{V}{V_0}\right) + S_0$$

同様に，エントロピーを T と P の関数と考えると，

$$dS = \left(\frac{\partial S}{\partial T}\right)_P dT + \left(\frac{\partial S}{\partial P}\right)_T dP = \left(\frac{\partial S}{\partial T}\right)_P dT - \left(\frac{\partial V}{\partial T}\right)_P dP$$
$$= \frac{C_P}{T}dT - \frac{nR}{P}dP$$

積分して，

$$S(T,P) = C_P \ln\left(\frac{T}{T_0}\right) - nR\ln\left(\frac{P}{P_0}\right) + S_0$$

なお，これらの関数 S は独立変数の組み合わせが U と V ではないので，熱力学関数ではないことに注意せよ． ∎

6.4　内部エネルギーの解釈とエネルギーの方程式

6.1 節では次式が示されていた．

$$\left(\frac{\partial U}{\partial S}\right)_V = T, \quad \left(\frac{\partial U}{\partial V}\right)_S = -P \tag{6.11}$$

これらの式より，力学における保存力とポテンシャルの関係と同様に考えると，内部エネルギーは温度と圧力という「力」に対応する「ポテンシャル」であるという解釈ができる．さらに，S と V が「力」に対する「座標」に相当している．

また，熱力学恒等式において，エントロピーを温度と体積の関数と考えて全微分展開すると，

$$\begin{aligned} dU &= TdS - PdV \\ &= T\left(\frac{\partial S}{\partial T}\right)_V dT + \left[T\left(\frac{\partial S}{\partial V}\right)_T - P\right]dV \end{aligned} \tag{6.12}$$

一方，U も T と V の関数と考えて全微分展開すると，

$$dU = \left(\frac{\partial U}{\partial T}\right)_V dT + \left(\frac{\partial U}{\partial V}\right)_T dV \tag{6.13}$$

これらの式の dV の係数を対応させると，

$$\left(\frac{\partial U}{\partial V}\right)_T = T\left(\frac{\partial S}{\partial V}\right)_T - P \tag{6.14}$$

したがって，圧力は次式で表される．

$$P = T\left(\frac{\partial S}{\partial V}\right)_T + \left(-\frac{\partial U}{\partial V}\right)_T \tag{6.15}$$

この式により，圧力は，等温過程では，「エントロピー的力」と「エネルギー的力」の和になっているという解釈ができる．すなわち，系のエントロピーを増大させようとする力とエネルギーを低下させようとする力の和になっている．気体の場合には前者の力が支配的であり，圧力はエントロピーを増大させよう

とする力であることがわかる．一方，ここでは仕事として体積仕事しか考慮していないので厳密ではないが，通常の固体ではこの後者の力が支配的である．ただし，ゴムの場合には前者の力が支配的であり「ゴム弾性」といわれている．なお，式 (6.11) では圧力は断熱過程で考えられていたことに注意しなければならない．

式 (6.14) にマクスウェルの関係式を適用すると

$$\left(\frac{\partial U}{\partial V}\right)_T = T\left(\frac{\partial P}{\partial T}\right)_V - P \tag{6.16}$$

理想気体では，状態方程式より次式となる．

$$\left(\frac{\partial U}{\partial V}\right)_T = T\frac{nR}{V} - P = P - P = 0 \tag{6.17}$$

このように，内部エネルギーは体積依存性がないことが状態方程式から理論的に証明できる．すなわち，3.7 節で述べた断熱自由膨張に関するジュールの実験は歴史的・教育的な意味しかなく，式 (6.16) の導出の基になっている熱力学第 2 法則の下では，理想気体の状態方程式だけを用いて同じ結論を得ることができた．

ファン・デル・ワールス気体では，

$$\left(\frac{\partial U}{\partial T}\right)_V = C_V, \quad \left(\frac{\partial U}{\partial V}\right)_T = \frac{n^2 a}{V^2} \tag{6.18}$$

よって，定積熱容量が一定と仮定すると，全微分展開式より，

$$dU = \left(\frac{\partial U}{\partial T}\right)_V dT + \left(\frac{\partial U}{\partial V}\right)_T dV$$

$$= C_V dT + \frac{n^2 a}{V^2} dV$$

$$U = C_V T - \frac{n^2 a}{V} + U_0 \tag{6.19}$$

このように，内部エネルギーを温度と体積により代数的に求める関係式が得られた．また，式 (6.15) の第 2 項は分子間引力が対応していることがわかる．

6.5 各種エネルギーと有効仕事

【演習 6.5】 定圧熱容量と定積熱容量の差
定圧熱容量と定積熱容量の差に関する公式を導け.
〔解答〕
偏微分公式 (1.13) およびマクスウェルの関係式 (6.10) を用いて,

$$C_P - C_V = T\left(\frac{\partial S}{\partial T}\right)_P - T\left(\frac{\partial S}{\partial T}\right)_V$$

$$= T\left\{\left(\frac{\partial S}{\partial T}\right)_V + \left(\frac{\partial S}{\partial V}\right)_T \left(\frac{\partial V}{\partial T}\right)_P\right\} - T\left(\frac{\partial S}{\partial T}\right)_V$$

$$= T\left(\frac{\partial S}{\partial V}\right)_T \left(\frac{\partial V}{\partial T}\right)_P = T\left(\frac{\partial P}{\partial T}\right)_V \left(\frac{\partial V}{\partial T}\right)_P$$

$$= -T\left(\frac{\partial P}{\partial V}\right)_T \left(\frac{\partial V}{\partial T}\right)_P^2 = TVk_T\alpha^2 \qquad ∎$$

【演習 6.6】 水の定圧熱容量と定積熱容量の差
1 気圧, 20 °C における水の定圧熱容量と定積熱容量の差を算出せよ.
〔解答〕
表 2.2, 表 2.3 および表 3.2 より, $\kappa_T = 0.45$ GPa^{-1}, $\alpha = 0.00021$ K^{-1} および $c_P = 4179.3$ J/(kg·K) である. 水 1 kg あたりについて演習 6.5 の式を適用すると,

$$c_P - c_V = Tvk_T\alpha^2 = \frac{Tv\alpha^2}{\kappa_T}$$

$$= \frac{293.15 \times 10^{-3} \times (0.00021)^2}{0.45 \times 10^{-9}} = \frac{293.15 \times 2.1^2}{0.45} \times 10^{-3-8+9}$$

$$= 2870 \times 10^{-2} = 28.7 \text{ J}/(\text{K} \cdot \text{kg})$$

$$1 - \frac{c_V}{c_P} = \frac{c_P - c_V}{c_P} = \frac{28.7}{4179} = 0.00687$$

このように, 液体の場合には, この差異は気体の場合に比べて極めて小さく, 液体や固体では定圧熱容量と定積熱容量を区別する必要はないことがわかる. ∎

6.5 各種エネルギーと有効仕事

各種のエネルギーを表す状態量と仕事の関係について考察してみよう.
まず, 内部エネルギーは, 熱力学第 1 法則から, 断熱過程において「外へ仕事をする能力」を表すことがわかる.

次に，熱力学第 1 法則と第 2 法則より，
$$dU = d'W + d'Q, \quad d'Q \leq TdS$$
$$-(dU - TdS) \geq -d'W \tag{6.20}$$

ここでは，仕事 W には力学的仕事以外の仕事も含むものと考える．一定温度 T_e の環境下では，ヘルムホルツの自由エネルギー F を用いて，
$$-dF \geq -d'W, \quad -(F_2 - F_1) \geq -W \tag{6.21}$$

すなわち，外へなされる仕事 $(-W)$ の上限は F の減少量に等しく，仕事が最大になるのは変化が可逆の場合である．このように，ヘルムホルツの自由エネルギーは，内部エネルギーのうち仕事として自由に使える部分と考えられる．

また，一定温度 T_e かつ一定圧力 P_e の環境下では，環境にも体積仕事をするので，環境外へなされる体積仕事以外の仕事である**有効仕事** $(-W_e)$ は，
$$-dG \geq -d'W_e = -d'W - P_e dV,$$
$$-(G_2 - G_1) \geq -W_e = -W - P_e(V_2 - V_1) \tag{6.22}$$

すなわち，有効仕事の上限は，G の減少量に等しく，仕事が最大になるのは変化が可逆の場合である．ここで，有効仕事は，例えば，張力による仕事，電気的仕事，磁気的仕事や化学的仕事などが考えられる．これまで考えてきたように，体積仕事しかない場合には有効仕事は 0 となるが，今後，特に等温・等圧下での化学的仕事を検討する場合にはギブズの自由エネルギー G は非常に重要な状態量となる．

6.6　エクセルギー

現在はエネルギー問題が喫緊の課題になっているが，ある物体のエネルギー量の大小だけではなく，その質の良否を評価することが必要になってきている．そのためにはそのエネルギーを利用してどれだけの有効な仕事を得ることができるかということが重要である．

一定温度 T_e かつ一定圧力 P_e の環境下で，有効な仕事をする能力は G で与られた．もっと一般的に，この環境下で，環境の温度・圧力と平衡になってい

6.6 エクセルギー

ない系が熱力学的平衡に達するまでになすことができる有効仕事 ($-W_e$) の上限を**エクセルギー**という．これは可逆変化で以下のように得られる．

$$(-d'W_e)_r = (-d'W)_r - P_e dV$$
$$= -(dU - T_e dS + P_e dV) \quad (6.23)$$

$$(-W_e)_r = U - U_0 - T_e(S - S_0) + P_e(V - V_0) \quad (6.24)$$

ここで，U，S および V は系の最初の状態，U_0，S_0 および V_0 は系が環境と熱平衡に達したときの値である．

環境として低温熱源 2，系として高温熱源 1 を考えると，熱源の温度が一定の場合，

$$(-W) = Q_1 \eta = Q_1 \frac{T_1 - T_2}{T_1} \quad (6.25)$$

となる．

【演習 6.7】 お湯と水のエクセルギー

たとえば，80 °C のお湯 1 kg と 40 °C の水 2 kg のエクセルギー（環境 0 °C と考える）を求めよ．水の定圧比熱を 4179.3 J/(kg·K) とせよ．

〔解答〕

$$-W_{80 \times 1} = 4179.3 \times (80 - 0) \times 1 \times \frac{80 - 0}{273.15 + 80} = 75730 \text{ J}$$

$$-W_{40 \times 2} = 4179.3 \times (40 - 0) \times 2 \times \frac{40 - 0}{273.15 + 40} = 42710 \text{ J}$$

このように，高温の熱源のほうがエクセルギーは高いといえる． ■

【演習 6.8】 物体の温度が変化する場合のエクセルギー

物体の温度が高温 T_1 から低温熱源の温度 T_2 まで変化する場合のエクセルギーを求めよ．

〔解答〕

有効仕事の上限は次式で表される．

$$-W = -\int_{T_1}^{T_2} d'W = -\int_{T_1}^{T_2} \frac{T - T_2}{T} d'Q = -\int_{T_1}^{T_2} (T - T_2) dS$$
$$= -\int_{T_1}^{T_2} (T - T_2) \frac{dS}{dT} dT$$

$$= -\left[(T-T_2)S\right]_{T_1}^{T_2} + \int_{T_1}^{T_2} S dT$$

$$= -\left[(T-T_2)S\right]_{T_1}^{T_2} - \int_{T_1}^{T_2} \left(\frac{\partial F}{\partial T}\right)_V dT$$

$$= (T_1 - T_2)S_1 - F_2 + F_1$$

$$= (T_1 - T_2)S_1 - U_2 + T_2 S_2 + U_1 - T_1 S_1$$

$$= (U_1 - U_2) - T_2(S_1 - S_2) \quad\blacksquare$$

6.7 系の粒子数が変化する系

この節では,これまでに得られた熱力学的な関係式を粒子数 N が変化する場合に拡張する.特に,熱力学恒等式は,粒子が1種類の場合には式 (6.30),粒子が m 種類の場合には式 (6.37) のように拡張される.

6.7.1 粒子が 1 種類の場合

熱力学第 1 法則に粒子を出入りさせるとき系にされる仕事である**化学的仕事** W_C を追加する.

$$dU = d'Q + d'W = d'Q + d'W_\mathrm{M} + d'W_\mathrm{C} \quad (6.26)$$

一方,内部エネルギーの独立変数に粒子数 N を追加する.

$$U(S, V, N) \quad (6.27)$$

全微分展開すると,

$$dU = \left(\frac{\partial U}{\partial S}\right)_{V,N} dS + \left(\frac{\partial U}{\partial V}\right)_{S,N} dV + \left(\frac{\partial U}{\partial N}\right)_{S,V} dN \quad (6.28)$$

ここで,右辺第 3 項の微分係数は**化学ポテンシャル** μ とよばれ,次式で定義され,温度や圧力と同じく示強変数である.

$$\mu \equiv \left(\frac{\partial U}{\partial N}\right)_{S,V} \quad (6.29)$$

このとき,系の粒子数が変化する場合について**熱力学恒等式**は次式のように拡張される.

6.7 系の粒子数が変化する系

$$dU = TdS - PdV + \mu dN \tag{6.30}$$

前述の拡張された熱力学第 1 法則と比較して，準静的化学的仕事は次式で表される．

$$d'W_C = \mu dN \tag{6.31}$$

また，他の熱力学関数の全微分展開より，

$$\mu = \left(\frac{\partial U}{\partial N}\right)_{S,V} = \left(\frac{\partial H}{\partial N}\right)_{S,P} = \left(\frac{\partial F}{\partial N}\right)_{T,V} = \left(\frac{\partial G}{\partial N}\right)_{T,P}$$
$$= -T\left(\frac{\partial S}{\partial N}\right)_{U,V} \tag{6.32}$$

ここで，ギブズの自由エネルギーでは，N 以外の独立変数は示強変数なので，

$$G(T,P,N) = Ng(T,P,1) \tag{6.33}$$

したがって，

$$\mu = \left(\frac{\partial G}{\partial N}\right)_{T,P} = \left(\frac{\partial (Ng)}{\partial N}\right)_{T,P} = g(T,P,1) = \frac{1}{N_A}\bar{g} \tag{6.34}$$

すなわち，化学ポテンシャルは 1 粒子あたりのギブズの自由エネルギーに等しい．ここで，$\bar{g}$ は 1 モルあたりのギブズの自由エネルギーである．

【演習 6.9】 理想気体の化学ポテンシャル

理想気体の化学ポテンシャルを求めよ．

〔解答〕

理想気体の化学ポテンシャルはギブズの自由エネルギーから導出できる．

$$\begin{aligned}G(T,P) &= H - TS \\ &= H - H_0 + H_0 - TS \\ &= C_p(T - T_0) + H_0 - TS \\ &= C_p(T - T_0) - T(S - S_0) + H_0 - TS_0 \\ &= C_p(T - T_0) - T(S - S_0) - (T - T_0)S_0 + H_0 - T_0 S_0 \\ &= C_p(T - T_0) - T(S - S_0) - (T - T_0)S_0 + G_0 \\ &= C_p(T - T_0) - T\left\{C_p \ln\frac{T}{T_0} - nR\ln\frac{P}{P_0}\right\} - (T - T_0)S_0 + G_0\end{aligned}$$

$$= n\left\{c_p\left(T-T_0-T\ln\frac{T}{T_0}\right)+RT\ln\frac{P}{P_0}-(T-T_0)s_0+g_0\right\}$$
$$= \frac{N}{N_A}\left\{c_p\left(T-T_0-T\ln\frac{T}{T_0}\right)+RT\ln\frac{P}{P_0}-(T-T_0)s_0+g_0\right\}$$
$$= \frac{N}{N_A}g(T,P,N_A)=\frac{N}{N_A}\bar{\mu}(T,P)$$

よって,
$$\mu=\left(\frac{\partial G}{\partial N}\right)_{T,P}=\frac{\bar{\mu}(T,P)}{N_A}$$

また,
$$\frac{\bar{\mu}(T,P)}{RT}=\frac{c_p-c_p\ln\frac{T}{T_0}-s_0}{R}+\frac{h_0-T_0 c_p}{RT}+\ln\frac{P}{P_0}$$

この式で右辺第 1 項と第 2 項は温度だけの関数,第 3 項は圧力だけの関数となっている.$P=P_0$ とおけば,
$$\frac{\bar{\mu}(T,P_0)}{RT}=\frac{c_p-c_p\ln\frac{T}{T_0}-s_0}{R}+\frac{h_0-T_0 c_p}{RT}$$

したがって,
$$\frac{\bar{\mu}(T,P)}{RT}=\frac{\bar{\mu}(T,P_0)}{RT}+\ln\frac{P}{P_0}\qquad\blacksquare$$

6.7.2 基本方程式と状態方程式

キャレンの公理論的な熱力学に依れば,状態方程式は独立な示量変数をもちいて示強変数を表した以下のような関係式と定義されている.

$$\begin{aligned}T&=T(S,V,N_1,\cdots,N_r),\\ P&=P(S,V,N_1,\cdots,N_r),\\ \mu_j&=\mu_j(S,V,N_1,\cdots,N_r).\end{aligned}\qquad(6.35)$$

状態方程式は系の特性を完全に表す熱力学関数である**基本方程式**と区別され,系のすべての状態方程式の組が系の基本方程式と等価であるとされている.

【演習 6.10】 基本方程式と状態方程式の組の同値性
基本方程式と状態方程式の組の同値性について下記の例を用いて考察せよ.
$$U=U(S,V,N)=S+2V+3N$$

6.7 系の粒子数が変化する系

$$\frac{\partial U}{\partial S} = 1, \quad \frac{\partial U}{\partial V} = 2, \quad \frac{\partial U}{\partial N} = 3$$

〔解答〕
状態方程式を積分すると，

$$\frac{\partial U}{\partial S} = 1, \qquad U = S + C(V, N)$$

$$\frac{\partial U}{\partial V} = \frac{\partial C}{\partial V} = 2, \quad C = 2V + D(N), \ U = S + 2V + D(N)$$

$$\frac{\partial U}{\partial N} = \frac{\partial D}{\partial N} = 3, \quad D = 3N$$

$$\therefore U = S + 2V + 3N$$

【演習 6.11】 理想気体の基本方程式

理想気体の状態方程式から基本方程式を導き，その概形を示せ．

〔解答〕
エントロピーの全微分形

$$S = S(U, V) \Rightarrow dS = \left(\frac{\partial S}{\partial U}\right)_V dU + \left(\frac{\partial S}{\partial V}\right)_U dV = \frac{1}{T}dU + \frac{P}{T}dV$$

を積分することを考える．理想気体の状態方程式より，

$$U = C_V T, \quad PV = nRT$$

したがって，

$$\frac{1}{T} = \frac{C_V}{U}, \quad \frac{P}{T} = \frac{nR}{V}$$

これを全微分形に代入すると，

$$dS = \left(\frac{\partial S}{\partial U}\right)_V dU + \left(\frac{\partial S}{\partial V}\right)_U dV = \frac{C_V}{U}dU + \frac{nR}{V}dV$$

積分して，

$$S = S_0 + nR \ln\left[\left(\frac{U}{U_0}\right)^{\frac{C_V}{nR}} \frac{V}{V_0}\right]$$

この式は S が U と V のみの関数で表されているので基本方程式である．この基本方程式の概形を図 6.1 に示す．図からわかるように，エントロピーは内部エネルギーや体積に対して凸な関数形となっている．このような関数形の場合，エントロピー最大の原理とエネルギー最小の原理は同等であることがわかる．すなわち，内部エネルギーを固定して体積を変化させた場合，エントロピーが最大となるのは

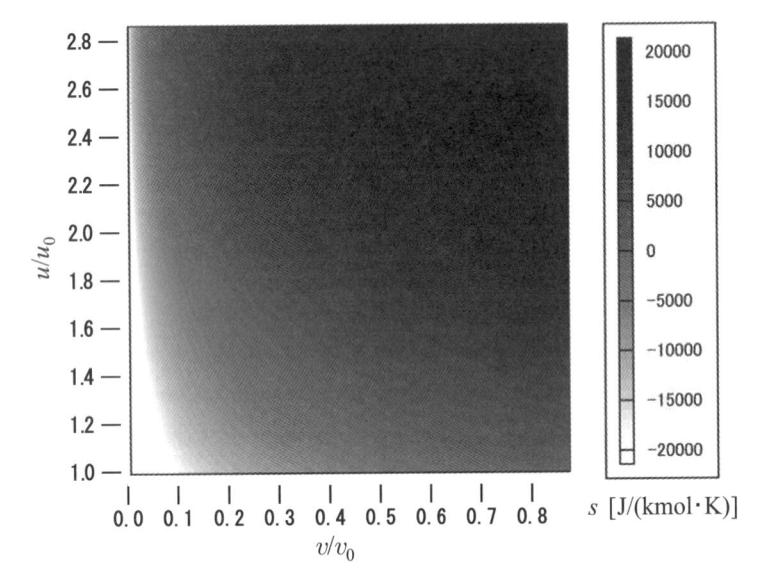

図 6.1 理想気体の基本方程式の概形

体積が最大となるところであり，逆に，エントロピーを固定して体積を変化させた場合，内部エネルギーが最小となるのはやはり体積が最大となるところであり，いかなる過程を経て到達しようとも，最終の平衡状態は両方の極値原理を満足することになる． ∎

【演習 6.12】 ファン・デル・ワールス気体の基本方程式
ファン・デル・ワールス気体の状態方程式から基本方程式を導け．
〔解答〕
エントロピーの全微分形

$$S = S(U, V) \Rightarrow dS = \left(\frac{\partial S}{\partial U}\right)_V dU + \left(\frac{\partial S}{\partial V}\right)_U dV$$

$$= \frac{1}{T}dU + \frac{P}{T}dV$$

を積分したい．状態方程式より，

$$U = C_V T - \frac{n^2 a}{V}, \quad P = \frac{nRT}{V - nb} - \frac{n^2 a}{V^2}$$

したがって，

6.7 系の粒子数が変化する系

$$\frac{1}{T} = \frac{C_V}{U + n^2 a/V}, \quad \frac{P}{T} = \frac{nR}{V - nb} - \frac{n^2 a}{V^2 T}$$

これを全微分形に代入すると，

$$dS = \left(\frac{\partial S}{\partial U}\right)_V dU + \left(\frac{\partial S}{\partial V}\right)_U dV$$

$$= \frac{C_V}{U + n^2 a/V} dU + \left(\frac{nR}{V - nb} - \frac{n^2 a}{V^2 T}\right) dV$$

これを積分したいが，このままでは積分できない．そこで，U を T と V の関数として全微分展開し，状態方程式を用いると，

$$dS = \frac{1}{T}\left\{\left(\frac{\partial U}{\partial T}\right)_V dT + \left(\frac{\partial U}{\partial V}\right)_T dV\right\} + \left(\frac{nR}{V - nb} - \frac{n^2 a}{V^2 T}\right) dV$$

$$= \frac{1}{T}\left\{C_V dT + \frac{n^2 a}{V} dV\right\} + \left(\frac{nR}{V - nb} - \frac{n^2 a}{V^2 T}\right) dV$$

$$= \frac{C_V}{T} dT + \frac{nR}{V - nb} dV$$

これを積分すると，

$$S(T, V) = C_V \ln\left(\frac{T}{T_0}\right) + nR \ln\left(\frac{V - nb}{V_0 - nb}\right) + S(T_0, V_0)$$

$$= S(T_0, V_0) + nR \ln\left[\left(\frac{T}{T_0}\right)^{\frac{C_V}{nR}} \left(\frac{V - nb}{V_0 - nb}\right)\right]$$

ここで，状態方程式の第1式を用いて T を U で表し，上式に代入すると，

$$S(U, V) = S(U_0, V_0) + nR \ln\left[\left(\frac{U + \frac{n^2 a}{V}}{U_0 + \frac{n^2 a}{V_0}}\right)^{\frac{C_V}{nR}} \left(\frac{V - nb}{V_0 - nb}\right)\right]$$

粒子数依存性を考慮するには，次項で示すギブズ–デュエムの式を用いて第3の状態方程式を導出して，同様に $S(U, V, N)$ を全微分展開した式に代入して積分すればよい． ∎

【演習 6.13】 理想気体の基本方程式（粒子数が変化する場合）

粒子が1種類の場合の理想気体の基本方程式 $S(U, V, n)$ を導け．

〔解答〕

理想気体の定積熱容量と状態方程式より，

$$\left(\frac{\partial S}{\partial U}\right)_{V,n} = \frac{1}{T} = \frac{C_V}{U}, \quad \left(\frac{\partial S}{\partial V}\right)_{U,n} = \frac{P}{T} = \frac{nR}{V}$$

ギブズ–デュエムの式より，n モルあたりで考えると，

$$nd\left(\frac{\mu}{T}\right) = Ud\left(\frac{1}{T}\right) + Vd\left(\frac{P}{T}\right)$$

$$= Ud\left(\frac{C_V}{U}\right) + Vd\left(\frac{nR}{V}\right)$$

$$= nud\left(\frac{nc_V}{nu}\right) + nvd\left(\frac{nR}{nv}\right)$$

$$= nud\left(\frac{c_V}{u}\right) + nvd\left(\frac{R}{v}\right) = -n\frac{c_V}{u}du - \frac{nR}{v}dv$$

$$d\left(\frac{\mu}{T}\right) = -\frac{c_V}{u}du - \frac{R}{v}dv$$

積分して，

$$\left(\frac{\mu}{T}\right) - \left(\frac{\mu}{T}\right)_0 = -c_V \ln\frac{u}{u_0} - R\ln\frac{v}{v_0}$$

次項で示すオイラーの関係式に代入して，

$$S = \left(\frac{1}{T}\right)U + \left(\frac{P}{T}\right)V - \left(\frac{\mu}{T}\right)n$$

$$= \left(\frac{C_V}{U}\right)U + \left(\frac{nR}{V}\right)V - \left(-c_V \ln\frac{u}{u_0} - R\ln\frac{v}{v_0} + \left(\frac{\mu}{T}\right)_0\right)n$$

$$= C_V + nR - n\left(\frac{\mu}{T}\right)_0 + nc_V \ln\frac{n_0 U}{nU_0} + nR\ln\frac{n_0 V}{nV_0}$$

$$= nc_V + nR - n\left(\frac{\mu}{T}\right)_0 + nc_V \ln\frac{U}{U_0} + nR\ln\frac{V}{V_0} + (-nc_V - nR)\ln\frac{n}{n_0}$$

$$= nc_V + nR - n\left(\frac{\mu}{T}\right)_0 + nR\left[\frac{c_V}{R}\ln\frac{U}{U_0} + \ln\frac{V}{V_0} - \frac{c_V + R}{R}\ln\frac{n}{n_0}\right]$$

$$= \frac{n}{n_0}S_0 + nR\ln\left[\left(\frac{U}{U_0}\right)^{\frac{c_V}{R}}\left(\frac{V}{V_0}\right)\left(\frac{n}{n_0}\right)^{-\frac{c_V + R}{R}}\right],$$

$$S_0 = n_0\left\{c_V + R - \left(\frac{\mu}{T}\right)_0\right\}$$

■

6.7.3 粒子が 2 種類以上の場合

粒子の種類が 2 つ以上（m 種類）の場合，

$$U = U(S, V, N_1, N_2, \cdots, N_m) \tag{6.36}$$

全微分展開すると，

6.7 系の粒子数が変化する系

$$dU = \left(\frac{\partial U}{\partial S}\right)_{V,N_i} dS + \left(\frac{\partial U}{\partial V}\right)_{S,N_i} dV + \sum_i \left(\frac{\partial U}{\partial N_i}\right)_{S,V,N'} dN_i$$
$$= TdS - PdV + \sum_i \{\mu_i dN_i\} \tag{6.37}$$

$$\mu_i = \left(\frac{\partial U}{\partial N_i}\right)_{S,V,N'} = \left(\frac{\partial H}{\partial N_i}\right)_{S,P,N'} = \left(\frac{\partial F}{\partial N_i}\right)_{T,V,N'}$$
$$= \left(\frac{\partial G}{\partial N_i}\right)_{T,P,N'} = -T\left(\frac{\partial S}{\partial N_i}\right)_{U,V,N'} \tag{6.38}$$

ここで，N' は N_i 以外の粒子数を一定に保つことを示している．このように，系で m 種の粒子数が変化する場合について**熱力学恒等式**は式 (6.37) のように拡張される．

粒子の種類が m 種類の場合のギブズの自由エネルギーは次式で表されることが知られている．

$$G = G(T, P, V, N_1, N_2, \cdots, N_m) = U + PV - TS = \sum_i \{N_i \mu_i\} \tag{6.39}$$

この式は**オイラーの関係式**とよばれている．変形すると，

$$U = TS - PV + \sum_i \{N_i \mu_i\} \tag{6.40}$$

$$S = \left(\frac{1}{T}\right) U + \left(\frac{P}{T}\right) V - \sum_i \left\{\left(\frac{\mu_i}{T}\right) N_i\right\} \tag{6.41}$$

式 (6.40), (6.41) の全微分を考えると，

$$dU = TdS - PdV + \sum_i \{\mu_i dN_i\} + SdT - VdP + \sum_i \{N_i d\mu_i\} \tag{6.42}$$

$$dS = \left(\frac{1}{T}\right) dU + \left(\frac{P}{T}\right) dV - \sum_i \left\{\left(\frac{\mu_i}{T}\right) dN_i\right\}$$
$$+ Ud\left(\frac{1}{T}\right) + Vd\left(\frac{P}{T}\right) - \sum_i \left\{N_i d\left(\frac{\mu_i}{T}\right)\right\} \tag{6.43}$$

拡張された熱力学恒等式を用いると，次式で表される**ギブズ–デュエムの式**が得られる．

$$-SdT + VdP - \sum_i \{N_i d\mu_i\} = 0 \tag{6.44}$$

$$Ud\left(\frac{1}{T}\right) + Vd\left(\frac{P}{T}\right) - \sum_i \left\{N_i d\left(\frac{\mu_i}{T}\right)\right\} = 0 \tag{6.45}$$

温度や圧力が一定のとき,

$$\sum_i \{N_i d\mu_i\} = 0 \tag{6.46}$$

すべての示強変数は独立ではなく,一つの関係式が存在し,多成分系の化学ポテンシャルとモル数は互いに制約しあい,任意の値をとることはできないことがわかる.

【演習 6.14】 オイラーの関係式の誘導
オイラーの関係式を導け.
〔解答〕
基本方程式が一次の同次式であることから,

$$G = G(T, P, N_1, N_2, \cdots, N_m)$$

任意の λ について次式が成立する.

$$G(T, P, \lambda N_1, \lambda N_2, \cdots, \lambda N_m) = \lambda G(T, P, N_1, N_2, \cdots, N_m)$$

λ で両辺を微分すると,

$$\frac{dG}{d\lambda} = \sum_i \left\{\left(\frac{\partial G}{\partial(\lambda N_i)}\right)_{S,V,N'} \frac{d(\lambda N_i)}{d\lambda}\right\} = \sum_i \left\{\left(\frac{\partial G}{\partial(\lambda N_i)}\right)_{S,V,N'} N_i\right\} = G$$

ここで,$\lambda = 1$ とおくと,

$$G = \sum_i \{N_i \mu_i\}$$

あるいは,次式で表される同次式についてのオイラーの定理を適用してもよい.

$$f(x_1, x_2, \cdots, x_n) \text{ が } m \text{ 次の同次式のとき,} \sum_{r=1}^n \frac{\partial f}{\partial x_r} x_r = mf \quad \blacksquare$$

6.8 気体以外の物質への熱力学の応用

気体の場合には,仕事は体積仕事 $d'W = -PdV$ で表され,内部エネルギー

6.8 気体以外の物質への熱力学の応用

U は S と V の関数となり，熱力学恒等式は次式のように表された．

$$dU = TdS - PdV \tag{6.47}$$

また，特に，理想気体の場合には状態方程式は次式で表され，

$$PV = nRT \tag{6.48}$$

内部エネルギーは温度だけの関数であることが示された．

これに対して，常磁性体やゴムでは以下のような対応関係があり，気体の場合の熱力学を応用することが可能である．

6.8.1 理想常磁性体

常磁性体の場合には，仕事は磁気的仕事 $d'W = \mu_0 \boldsymbol{H} \cdot d\boldsymbol{M}$ で表され，内部エネルギー U は S と M（磁化）の関数となり，熱力学恒等式は次式のように表される．

$$dU = TdS + \mu_0 HdM \tag{6.49}$$

また，特に，理想常磁性体の場合には状態方程式はキュリーの法則とよばれ，理想気体の状態方程式と対応させて表現すると次式のようになる．

$$H = M\frac{1}{C_\chi}T \quad \Leftrightarrow \quad P = \rho R'T \tag{6.50}$$

ここで，M は磁化（磁気モーメント／真空の透磁率 μ_0），H は磁場強度，C_χ はキュリー定数である．理想常磁性体の内部エネルギーは温度だけの関数であることが以下のように示される．

$$\begin{aligned}
dU &= TdS + \mu_0 HdM \\
&= T\left\{\left(\frac{\partial S}{\partial M}\right)_T dM + \left(\frac{\partial S}{\partial T}\right)_M dT\right\} + \mu_0 HdM \\
&= \left\{T\left(\frac{\partial S}{\partial M}\right)_T + \mu_0 H\right\}dM + T\left(\frac{\partial S}{\partial T}\right)_M dT
\end{aligned} \tag{6.51}$$

$$\begin{aligned}
\left(\frac{\partial U}{\partial M}\right)_T &= -\mu_0 T\left(\frac{\partial H}{\partial T}\right)_M + \mu_0 H \\
&= -\mu_0 T \times \frac{M}{C_\chi} + \mu_0 H = -\mu_0 H + \mu_0 H = 0
\end{aligned} \tag{6.52}$$

6.8.2 ゴム弾性

ゴムの場合には，仕事は張力による仕事 $d'W = \sigma dL$ で表され，内部エネルギー U は S と L（長さ）の関数となり，熱力学恒等式は次式のように表される．

$$dU = TdS + \sigma dL \tag{6.53}$$

また，ゴムの状態方程式は次式のように係数が長さの関数である温度の一次式で表されることが知られている．

$$\sigma = AT + B \quad A = A(L) > 0, \ B = B(L) > 0 \tag{6.54}$$

この場合，ゴムの定長比熱は温度だけの関数となることが以下のように示される．

$$\begin{aligned}
dU &= TdS + \sigma dL \\
&= T\left\{\left(\frac{\partial S}{\partial L}\right)_T dL + \left(\frac{\partial S}{\partial T}\right)_L dT\right\} + \sigma dL \\
&= \left\{T\left(\frac{\partial S}{\partial L}\right)_T + \sigma\right\} dL + T\left(\frac{\partial S}{\partial T}\right)_L dT
\end{aligned} \tag{6.55}$$

$$\therefore C_L = \left(\frac{\partial U}{\partial T}\right)_L = T\left(\frac{\partial S}{\partial T}\right)_L \tag{6.56}$$

$$\begin{aligned}
\left(\frac{\partial C_L}{\partial L}\right)_T &= T\frac{\partial}{\partial L}\left(\frac{\partial S}{\partial T}\right)_L = T\frac{\partial}{\partial T}\left(\frac{\partial S}{\partial L}\right)_T \\
&= -T\frac{\partial}{\partial T}\left(\frac{\partial \sigma}{\partial T}\right)_L = -T\frac{\partial}{\partial T}A(L) = 0
\end{aligned} \tag{6.57}$$

マクスウェルの関係式を用いることにより，以下のように，等温で引き伸ばすとエントロピーが減少すること，また，定長比熱は正であり，等エントロピー変化では温度が上昇することがわかる．

$$\left(\frac{\partial S}{\partial L}\right)_T = -\left(\frac{\partial \sigma}{\partial T}\right)_L = -A < 0, \tag{6.58}$$

$$\left(\frac{\partial T}{\partial L}\right)_S = \left(\frac{\partial \sigma}{\partial S}\right)_L = \frac{\left(\frac{\partial \sigma}{\partial T}\right)_L}{\left(\frac{\partial S}{\partial T}\right)_L} = \frac{AT}{C_L} > 0 \tag{6.59}$$

問題 6

6.1 熱力学恒等式を誘導し，内部エネルギーの固有の独立変数がエントロピーと体積であることを示せ．

6.2 種々の独立変数の組み合わせに対するいくつかの熱力学関数をルジャンドル変換によって定義せよ．

6.3 マクスウェルの関係式について説明せよ．

6.4 粒子数が変化する系に対して熱力学恒等式を拡張せよ．

6.5 基本方程式の考え方を説明し，状態方程式との関係について示せ．

7章 熱力学的系の平衡状態の安定性

熱力学第1法則と第2法則に基づき，熱力学的系の変化の進む方向について議論する．このような変化が十分進むと熱力学的平衡状態に達するが，この平衡の条件について示す．特に，平衡条件を示強変数により表すことを考える．熱力学的系の平衡状態が安定であることから熱力学不等式が導かれ，ル・シャトリェの原理として総括される．

7.1 熱力学的系の変化の進む方向と平衡条件

熱的現象を含まない力学では，系の変化の進む方向と**力学的平衡**（つり合い）の条件は，位置エネルギー U（内部エネルギーではない）で表される保存力のみが作用している場合，位置エネルギーが減少する方向に変化は進み，極小値に達したときにつり合い状態になることが知られている．このことを式的に示すと次式のように表される．なお，δ は任意の変化量（変分）を表す．

$$dU < 0, \quad \delta U = 0 \tag{7.1}$$

また，つり合いの安定性は，2次の変化量を用いて次式で表される．

$$\delta_2 U > 0 \tag{7.2}$$

この力学系のつり合いの安定性の模式図を図 7.1 に示す．このような力学系の安定なつり合いの場合と同様に，熱力学的系の変化が進む方向と**平衡条件**について考察できる．

熱力学的系の変化の進む方向は，6.5 節と同様，熱力学第1法則と第2法則より，

$$\begin{aligned} dU &= d'W + d'Q, \quad d'Q \le TdS \\ dU &- TdS \le d'W \end{aligned} \tag{7.3}$$

7.1 熱力学的系の変化の進む方向と平衡条件

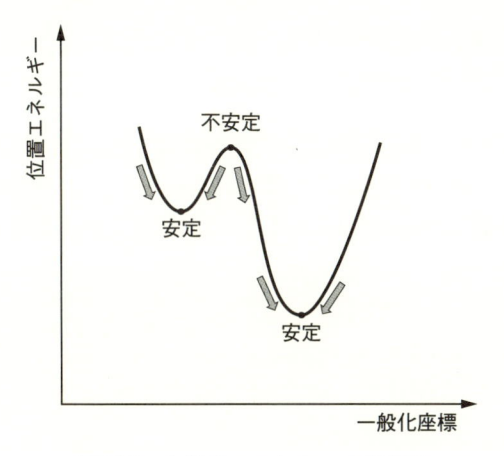

図 7.1 力学系のつり合いの安定性

ここでは，外からなされた仕事 W として，準静的な体積仕事と化学的仕事のみを考えると，

$$d'W = -PdV + \mu dN \tag{7.4}$$

したがって，

$$dU - TdS + PdV - \mu dN \leq 0 \tag{7.5}$$

7.1.1 孤立系の場合

孤立系では，外界とは仕事，熱および物質のやり取りがないので，系全体の体積 V，粒子数 N が一定に保たれ，第 1 法則より内部エネルギー U も一定となる．したがって，式 (7.5) より，dV, dN, dU が 0 となるから，

$$dS \geq 0 \tag{7.6}$$

すなわち，エントロピーが増大する方向に変化は進む．このような変化が十分に進むと，1.2 節で述べたように，エントロピーは最大（極大）となり，熱力学的平衡に到達することが経験的に知られている．このとき，エントロピーの変化も止み，

$$dS = 0 \tag{7.7}$$

となることが予期される．より正確には，熱力学的平衡状態からの任意の変化

量(変分)に対して次式が成立する.

$$\delta S = 0 \tag{7.8}$$

このような熱力学的平衡状態から何らかのゆらぎ(外乱)によりずれた場合,系のエントロピーは減少するが,その後の変化はエントロピーが増大する方向に進むので元の状態に戻ると考えられる.したがって,熱力学的平衡状態は安定であることがわかる.

以下では,熱力学的平衡条件を示強変数により表すことを考える.このことはすでに 4.9 節で孤立系の中の部分系間での熱のやり取りだけを考えた場合については考察した.ここでは,部分系間で熱だけでなく,仕事や物質のやり取りも存在する場合について考察する.

系全体での熱力学的平衡状態を求めるために,図 7.2 に示すように,全系を 2 つの部分系 A および B に分け,孤立系全体としての制約条件の下で,各部分系のエントロピーの系全体での和が最大となる状態が実現されると考える.このとき,制約条件は

$$U_A + U_B = U, \quad V_A + V_B = V, \quad N_A + N_B = N \tag{7.9}$$

と表される.したがって,$U_A, U_B, V_A, V_B, N_A, N_B$ のうち,独立な変数は 3 つである.全系のエントロピーは

$$S = S_A(U_A, V_A, N_A) + S_B(U_B, V_B, N_B) \tag{7.10}$$

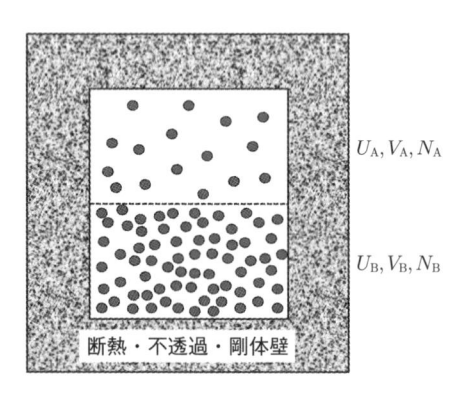

図 7.2 2 つの部分系から成る孤立系における熱力学的平衡条件

7.1 熱力学的系の変化の進む方向と平衡条件

と表され，全系のエントロピーが極大となるとき，

$$\delta S = 0 \tag{7.11}$$

すなわち，全系のエントロピーの独立な変数によるすべての偏微分係数が 0 とならなければならない．

$$\frac{\partial S}{\partial U_A} = 0, \quad \frac{\partial S}{\partial V_A} = 0, \quad \frac{\partial S}{\partial N_A} = 0 \tag{7.12}$$

したがって，

$$\begin{aligned}
\frac{\partial S}{\partial U_A} &= \frac{\partial S_A}{\partial U_A} + \frac{\partial S_B}{\partial U_A} = \frac{\partial S_A}{\partial U_A} - \frac{\partial S_B}{\partial U_B} = \frac{1}{T_A} - \frac{1}{T_B} = 0, \\
\frac{\partial S}{\partial V_A} &= \frac{\partial S_A}{\partial V_A} + \frac{\partial S_B}{\partial V_A} = \frac{\partial S_A}{\partial V_A} - \frac{\partial S_B}{\partial V_B} = \frac{P_A}{T_A} - \frac{P_B}{T_B} = 0, \\
\frac{\partial S}{\partial N_A} &= \frac{\partial S_A}{\partial N_A} + \frac{\partial S_B}{\partial N_A} = \frac{\partial S_A}{\partial N_A} - \frac{\partial S_B}{\partial N_B} = \frac{\mu_A}{T_A} - \frac{\mu_B}{T_B} = 0
\end{aligned} \tag{7.13}$$

よって，熱力学的平衡条件は示強変数により次式で表される．

$$T_A = T_B, \quad P_A = P_B, \quad \mu_A = \mu_B \tag{7.14}$$

7.1.2 等温変化の場合（全系の体積および粒子数一定下）

系と環境（外界）とは熱のやり取りだけがあり，系の温度が環境の温度と同じになる場合を考えよう．このとき，全系の体積および粒子数一定の過程（すなわち dV, dN は 0）となり，一定温度 T_e の環境下では，$F = U - T_e S$ として，式 (7.5) より，

$$dF \leq 0 \tag{7.15}$$

熱力学的平衡状態では，ヘルムホルツの自由エネルギーが最小となる．このとき，熱力学的平衡条件は示強変数により次式で表される．

$$P_A = P_B, \quad \mu_A = \mu_B \tag{7.16}$$

なお，部分系 A および B の温度は元々環境の温度に等しい．

特別な場合として，部分系 A および B が成分 1 のみを透過する半透膜で区切られている場合には，

$$P_A \neq P_B, \quad \mu_{1,A} = \mu_{1,B} \tag{7.17}$$

この部分系 A と B の圧力差は**浸透圧**であり，部分系の状態方程式がわかれば算出できる．

7.1.3 等温・等圧変化の場合（全系の粒子数一定下）

図 7.3 に示すように，系と環境（外界）とは熱および仕事のやり取りがあり，系の温度および圧力が環境のそれらと同じになる場合を考えよう．このとき，全系の粒子数一定の過程（すなわち，$dN = 0$）となり，一定温度 T_e かつ一定圧力 P_e の環境下では，式 (6.8) より $G = U + P_e V - T_e S$ として，式 (7.5) より，

$$dG \leq 0 \tag{7.18}$$

熱力学的平衡状態では，ギブズの自由エネルギーが最小となる．このとき，熱力学的平衡条件は示強変数により次式で表される．

$$\mu_A = \mu_B \tag{7.19}$$

なお，部分系 A および B の温度および圧力は元々環境の温度および圧力に等しい．

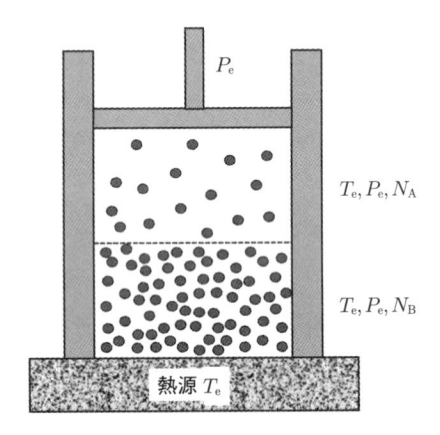

図 7.3　一定温度 T_e および一定圧力 P_e の環境下にある系における熱力学的平衡条件

7.2 熱力学不等式

7.1.4 等温・等圧・等化学ポテンシャル変化の場合

最後に，系と環境（外界）とは熱，仕事および物質のやり取りがあり，系の温度，圧力および化学ポテンシャルが環境のそれらと同じになる場合を考えよう．一定温度 T_e，一定圧力 P_e かつ一定化学ポテンシャル μ_e の環境下では，グランドポテンシャル $\Omega = U + P_e V - T_e S - \mu_e N$ として，式 (7.5) より，

$$d\Omega \leq 0 \qquad (7.20)$$

熱力学的平衡状態では，グランドポテンシャルが最小となる．なお，部分系 A および B の温度，圧力および化学ポテンシャルは元々環境の温度，圧力および化学ポテンシャルに等しい．

7.2 熱力学不等式

ここで，一定温度 T_e，一定圧力 P_e および一定化学ポテンシャル μ_e の環境下における熱力学的平衡状態について考える．この場合，グランドポテンシャル $\Omega = U + P_e V - T_e S - \mu_e N$ が最小となるはずなので，この熱力学的平衡状態からずれると，その変分は正とならなければならない．すなわち，

$$\delta\Omega = \delta U + P_e \delta V - T_e \delta S - \mu_e \delta N > 0 \qquad (7.21)$$

よって，$\delta U > -P_e \delta V + T_e \delta S + \mu_e \delta N$ となる．

一方，

$$\delta U = \delta_1 U + \delta_2 U + \cdots$$

$$\begin{aligned}
\delta_1 U &= \left(\frac{\partial U}{\partial S}\right)_{V,N} \delta S + \left(\frac{\partial U}{\partial V}\right)_{S,N} \delta V + \left(\frac{\partial U}{\partial N}\right)_{S,V} \delta N \\
&= T\delta S - P\delta V + \mu\delta N \\
\delta_2 U &= \frac{1}{2}\left(\frac{\partial^2 U}{\partial S^2}\right)(\delta S)^2 + \frac{1}{2}\left(\frac{\partial^2 U}{\partial V^2}\right)(\delta V)^2 + \frac{1}{2}\left(\frac{\partial^2 U}{\partial N^2}\right)(\delta N)^2 \\
&\quad + \left(\frac{\partial^2 U}{\partial S \partial V}\right)\delta S \delta V + \left(\frac{\partial^2 U}{\partial V \partial N}\right)\delta V \delta N + \left(\frac{\partial^2 U}{\partial N \partial S}\right)\delta N \delta S
\end{aligned}$$
$$(7.22)$$

したがって，

$$\delta_1 U + \delta_2 U + \cdots > T_\mathrm{e} \delta S - P_\mathrm{e} \delta V + \mu_\mathrm{e} \delta N \qquad (7.23)$$

よって，2次の変化量まで考えると，

$$(T - T_\mathrm{e})\delta S - (P - P_\mathrm{e})\delta V + (\mu - \mu_\mathrm{e})\delta N + \delta_2 U > 0 \qquad (7.24)$$

結局，熱力学的平衡状態では，$T = T_\mathrm{e}$, $P = P_\mathrm{e}$, $\mu = \mu_\mathrm{e}$ なので，

$$\delta_2 U > 0 \qquad (7.25)$$

となる．すなわち，内部エネルギーの2次の変分の二次形式が正の定符号とならなければならない．これの必要十分条件は「二次形式の係数の主小行列式がすべて正となる」ことである．このことから，いくつかの**熱力学不等式**が得られる．

内部エネルギーの2次の変分を行列で表示すると，

$$\delta_2 U = \begin{bmatrix} \delta S & \delta V & \delta N \end{bmatrix} \begin{bmatrix} \frac{1}{2}\left(\frac{\partial^2 U}{\partial S^2}\right) & \frac{1}{2}\left(\frac{\partial^2 U}{\partial S \partial V}\right) & \frac{1}{2}\left(\frac{\partial^2 U}{\partial N \partial S}\right) \\ \frac{1}{2}\left(\frac{\partial^2 U}{\partial S \partial V}\right) & \frac{1}{2}\left(\frac{\partial^2 U}{\partial V^2}\right) & \frac{1}{2}\left(\frac{\partial^2 U}{\partial V \partial N}\right) \\ \frac{1}{2}\left(\frac{\partial^2 U}{\partial N \partial S}\right) & \frac{1}{2}\left(\frac{\partial^2 U}{\partial V \partial N}\right) & \frac{1}{2}\left(\frac{\partial^2 U}{\partial N^2}\right) \end{bmatrix} \begin{bmatrix} \delta S \\ \delta V \\ \delta N \end{bmatrix}$$
$$(7.26)$$

この結果，たとえば，

$$\left(\frac{\partial^2 U}{\partial S^2}\right) = \left(\frac{\partial T}{\partial S}\right)_V > 0, \quad \left(\frac{\partial^2 U}{\partial V^2}\right) = -\left(\frac{\partial P}{\partial V}\right)_S > 0, \quad \cdots \qquad (7.27)$$

が得られ，すなわち，定積比熱が正，断熱体積弾性率が正，エントロピーは温度の増加関数となることなどが示される．なお，定積比熱は正でなければならないが，過程によっては比熱が負になることがあることに注意されたい．

【演習 7.1】 等温圧縮率と断熱圧縮率の大小

等温圧縮率は断熱圧縮率よりも常に大きいことを示せ．

〔解答〕
両圧縮率の差をとり，偏微分の公式およびマクスウェルの関係式を用いて変形し，熱力学不等式を適用すると，

$$\kappa_T - \kappa_S = -\frac{1}{V}\left(\frac{\partial V}{\partial P}\right)_T + \frac{1}{V}\left(\frac{\partial V}{\partial P}\right)_S$$

7.2 熱力学不等式

$$\begin{aligned}
&= -\frac{1}{V}\left\{\left(\frac{\partial V}{\partial P}\right)_S + \left(\frac{\partial V}{\partial S}\right)_P \left(\frac{\partial S}{\partial P}\right)_T\right\} + \frac{1}{V}\left(\frac{\partial V}{\partial P}\right)_S \\
&= -\frac{1}{V}\left(\frac{\partial V}{\partial S}\right)_P \left(\frac{\partial S}{\partial P}\right)_T \\
&= -\frac{1}{V}\left(\frac{\partial T}{\partial P}\right)_S \left(\frac{\partial S}{\partial P}\right)_T \\
&= -\frac{1}{V}\frac{1}{\left(\frac{\partial P}{\partial T}\right)_S \left(\frac{\partial P}{\partial S}\right)_T} = -\frac{1}{V}\frac{\left(\frac{\partial P}{\partial S}\right)_T}{\left(\frac{\partial P}{\partial T}\right)_S \left(\frac{\partial P}{\partial S}\right)_T^2} \\
&= \frac{1}{V}\left(\frac{\partial T}{\partial S}\right)_P \frac{1}{\left(\frac{\partial P}{\partial S}\right)_T^2} > 0
\end{aligned}$$

■

【演習 7.2】 等温体積弾性率と断熱体積弾性率の大小

等温体積弾性率は断熱体積弾性率よりも常に小さいことを示せ.

$$k_T = -V\left(\frac{\partial P}{\partial V}\right)_T, \quad k_S \equiv -V\left(\frac{\partial P}{\partial V}\right)_S$$

〔解答〕
演習 7.1 より明らか.

$$k_T = \frac{1}{\kappa_T}, \quad k_S = \frac{1}{\kappa_S}$$

■

【演習 7.3】 定圧熱容量と定積熱容量の大小

実在気体においても定圧熱容量は定積熱容量よりも常に小さいことを示せ.

$$C_P = T\left(\frac{\partial S}{\partial T}\right)_P, \quad C_V = T\left(\frac{\partial S}{\partial T}\right)_V$$

〔解答〕
両熱容量の差をとり, 偏微分の公式およびマクスウェルの関係式を用いて変形し, 熱力学不等式を適用すると,

$$\begin{aligned}
C_P - C_V &= T\left[\left(\frac{\partial S}{\partial T}\right)_P - \left(\frac{\partial S}{\partial T}\right)_V\right] \\
&= T\left[\left(\frac{\partial S}{\partial T}\right)_P - \left\{\left(\frac{\partial S}{\partial T}\right)_P + \left(\frac{\partial S}{\partial P}\right)_T \left(\frac{\partial P}{\partial T}\right)_V\right\}\right]
\end{aligned}$$

$$= -T\left(\frac{\partial S}{\partial P}\right)_T \left(\frac{\partial P}{\partial T}\right)_V = T\left(\frac{\partial V}{\partial T}\right)_P \left(\frac{\partial P}{\partial T}\right)_V$$

$$= -T\left(\frac{\partial V}{\partial T}\right)_P^2 \left(\frac{\partial P}{\partial V}\right)_T > 0$$

∎

【演習 7.4】 体膨張率の正負

体膨張率の正負は熱力学不等式からは決まらないことを説明せよ.

$$\alpha \equiv \frac{1}{V}\left(\frac{\partial V}{\partial T}\right)_P$$

〔解答〕

これに関係する式は熱力学不等式から導くことができない. 実際, 計測により, 水は大気圧下で 4 °C 以下では体膨張率は負になることが知られている. 理想気体では演習 2.9 より常に正である.

∎

7.3 熱力学的系の平衡状態の安定性とル・シャトリェの原理

前述のように, 熱力学的平衡状態から何らかのゆらぎ（外乱）によりずれた場合, その後の変化は元の状態に戻るような向きに進むので, 熱力学的平衡状態は安定であると考えられる. このことを一般的に述べたのが**ル・シャトリェの原理**である. すなわち,「一般に, 熱力学の対象となる系が何らかの原因で平衡からはずれると, その結果生ずる変化は原因を取り除く方向に起こる」と表現されている.

【演習 7.5】 温度ゆらぎ

ゆらぎにより, それぞれ剛体容器内の系 A および B に温度差が生じたとき, この温度差により高温の系から低温の系に熱が移動するが, この場合の熱力学的系の安定性について説明せよ.

〔解答〕

熱力学不等式

$$\left(\frac{\partial S}{\partial T}\right)_V > 0$$

より定積比熱 $(d'Q/dT)_V$ は正である. このとき, 熱が加えられた低温の系の温度は上昇し, 熱が奪われた高温の系の温度は低下するので, 温度差を減少させる方向

7.3 熱力学的系の平衡状態の安定性とル・シャトリェの原理

に変化は進むことになる．したがって，この熱力学的系の平衡状態は安定である．∎

【演習 7.6】 圧力ゆらぎ

ゆらぎにより，部分系 A および B に圧力差が生じたとき，この圧力差により高圧の系の体積は増大し，低圧の系の体積は減少するが，この場合の熱力学的系の安定性について説明せよ．

〔解答〕
熱力学不等式

$$\left(\frac{\partial P}{\partial V}\right)_S < 0, \quad \left(\frac{\partial P}{\partial V}\right)_T < 0$$

より体積弾性率は正である．このとき，体積が増大した系の圧力は低下し，体積が減少した系の圧力は上昇するので，圧力差を減少させる方向に変化は進むことになる．したがって，この熱力学的系の平衡状態は安定である．∎

熱力学的系の平衡状態は，必ずしもたとえばギブズの自由エネルギーが最小ではなく極小であることもある．このようなときこの平衡状態を**準安定状態**とよぶ．準安定状態は小さなゆらぎでは安定であるが，ゆらぎの大きさは考えている時間スケールにより異なり，宇宙の年齢ぐらいの時間スケールで考えればすべての熱力学的状態は真の安定状態に移行してしまう．準安定状態の例とし

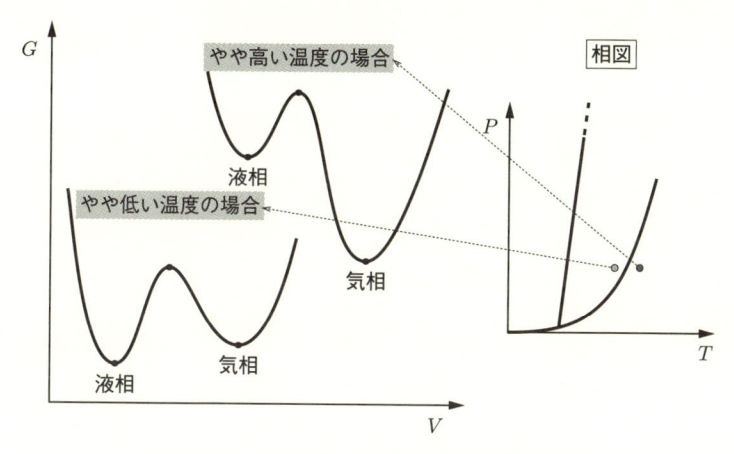

図 7.4 熱力学的系の平衡状態と準安定状態

ては，水の過熱状態，水蒸気の過飽和状態，化学反応における未反応の反応物，核分裂・核融合によりすべての物質が最も安定な物質（鉄）に移行してしまわないこと，などが挙げられる．

図 7.4 は，同一の圧力で，その飽和温度よりもやや高い温度とやや低い温度の場合について，全体積を変化させたときのギブズの自由エネルギーの挙動を示したものである．やや高い温度の場合には気相のときに安定で，液相のときに準安定（水の過熱状態），一方，やや低い温度の場合には液相のときに安定で，気相のときに準安定（水蒸気の過飽和状態）となることを示している．

問題 7

7.1 熱力学第1法則と第2法則に基づき，熱力学的系の変化の進む方向について説明せよ．

7.2 熱力学的平衡状態における平衡の条件を示強変数により表せ．

7.3 熱力学的系の平衡状態が安定であることから熱力学不等式が導かれることを説明せよ．

7.4 熱力学的系の平衡状態が安定であることを表現したル・シャトリェの原理について説明せよ．

8章 相転移と相平衡

系の粒子数が変化する重要な現象として，一成分からなる純粋な物質における相転移，多成分からなる混合物における相転移および化学反応がある．いくつかの相が現れた際の相平衡の条件について示し，相が共存する場合の関係式について説明する．特に，ファン・デル・ワールス気体の場合について相変化の様子を明らかにする．また，異種の気体が混合する場合における混合のエントロピーの概念についても説明する．

8.1 相 転 移

相転移の例として，図 8.1 に示すような一定の大気圧下 P_e での加熱による水の相変化がある．加熱により水の温度が上がり，沸点に達すると**水蒸気**が生じ，温度は沸点のままで水と水蒸気が共存し続ける．さらに加熱し続けると水はすべて水蒸気になり再び温度は上昇する．

相転移をミクロな立場で考えると，**液化**とは，固体が高温で格子振動が激しくなると，ついに秩序が保てなくなって格子が崩れてしまうことであり，分子間の力の位置エネルギーの差が潜熱に対応する．また，**蒸発**とは，液体が不規則な運動を繰り返しているうちに，一つの分子に運動エネルギーが集中し，その分子が分子間引力の束縛を脱して外に飛び出すことが起こりうることである．飛び出す分子の数と，逆に外から液体内に飛び込んでくる分子の数が釣合うのは，液面近くに存在する蒸気内の分子数が十分に多く，**飽和蒸気**になっているときである．蒸発のときに飛び出して蒸気になる分子は，液体内で大きな運動エネルギーを持っている分子であるから，そのような分子が出て行くと，あとはおとなしい分子が残る．つまり液体の温度は下がる．

相とは，同じ物質が異なる形態をとり，互いに境界面で空間的に区別されて

154　　　　　　　　　　　　　　　　　　　　　　　　　8 章　相転移と相平衡

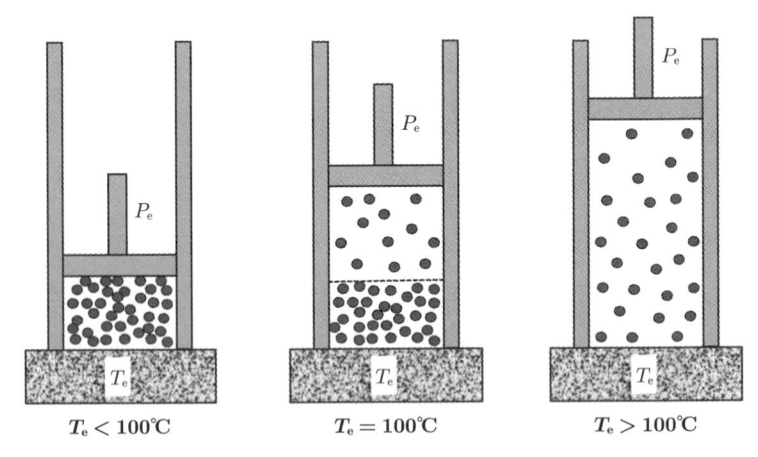

図 8.1　一定圧力下での加熱による水の相変化

いる場合に，このおのおのの部分を名づけるものである．図 8.2 に通常物質と水の相図（PT 線図）を示す．相には通常，**固相**，**液相**，**気相**がある．これらの相のうち 2 つの相はある条件で共存し，共存する状態を示したものが**共存曲線**である．共存曲線には，**融解曲線**，**昇華曲線**，**気化曲線（蒸気圧曲線）**がある．また，3 つの相が共存する特別な状態があり，**三重点**とよばれる．また，気相と液相の境界には端があり，**臨界点（臨界温度と臨界圧力）**とよばれる．超臨界では，連続的な相変化となる．たとえば，図 8.2 の破線で示したように，気

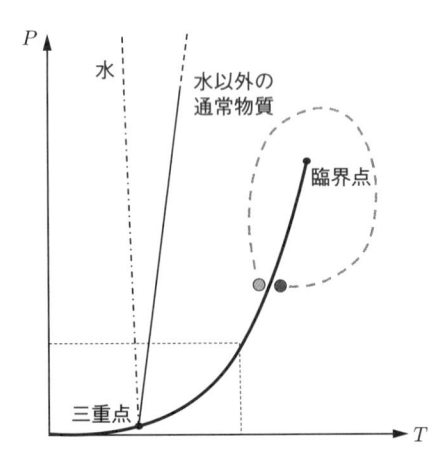

図 8.2　通常物質と水の相図（PT 線図）

8.2 相平衡条件

化曲線の右側の気相点 ● から臨界点を回り込んで状態変化させると，連続的な相変化が生じ，左側の液相点 ○ となる．

特に，水の場合，三重点は (273.16 K, 0.00603 atm)，臨界点は (647.2 K, 218.3 atm) である．

8.2 相平衡条件

相平衡は，全系の粒子数一定下で等温・等圧変化で生じることが多い．したがって，7.1.3項により，系のギブズの自由エネルギーが減少する方向に変化は進み，熱力学的平衡状態で最小となる．このとき，熱力学的平衡条件は示強変数により次式で表される．

$$\mu_A = \mu_B \tag{8.1}$$

8.3 共存曲線と三重点

共存曲線は次式で表され，

$$\mu_A(T, P) = \mu_B(T, P) \tag{8.2}$$

圧力を指定すれば温度が決定されることとなる．

また，三重点は次式で表され，

$$\mu_A(T, P) = \mu_B(T, P) = \mu_C(T, P) \tag{8.3}$$

この解は1組だけとなる．

8.3.1 共存曲線近傍における挙動

図7.4に示すような共存曲線近傍における挙動について考えよう．仮に，A相とB相が共存し，粒子がB相からA相に $\delta N_A > 0$ だけ移った状態を考える．

$$\begin{aligned} G(N_A &+ \delta N_A, N_B - \delta N_A, T, P) - G(N_A, N_B, T, P) \\ &= \left(\frac{\partial G_A}{\partial N_A}\right)_{T,P} \delta N_A - \left(\frac{\partial G_B}{\partial N_B}\right)_{T,P} \delta N_A \\ &= [\mu_A(T, P) - \mu_B(T, P)] \delta N_A < 0 \end{aligned} \tag{8.4}$$

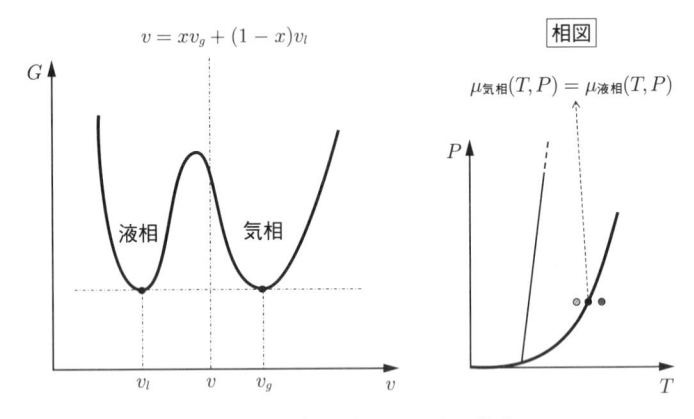

図 8.3　共存曲線上における挙動

したがって，A 相の化学ポテンシャルのほうが小さいことになり，化学ポテンシャルの高い相から低い相に粒子が移動することがわかる．また，化学ポテンシャルは粒子数に依存しないので，化学ポテンシャルの高い相の粒子が完全になくなるまで変化し続ける．すべての粒子が化学ポテンシャルの低い相になったとき，ギブズの自由エネルギーは最小となり，平衡状態に達する．したがって，共存曲線の左右で，ギブズの自由エネルギーの小さい相が安定となる．

共存曲線上で相変化している場合には，図 8.3 に示すように，2 つの相の化学ポテンシャルは等しくなり，2 つの相は共存しながらそれらの体積割合が変化する．この体積割合を表すのにモル分率を用いる．たとえば，液体と気体の相変化の場合，全体として一定量物質が一定の体積を占めているとき，モル体積 v は決まっている．この v が液体と気体のモル体積 v_l と v_g の間にあれば，2 相が共存していることになる．このとき，気相のモル分率（**乾き度**）を x とすると，

$$v = xv_g + (1-x)v_l \tag{8.5}$$

となる．乾き度 $x = 0$ の状態が**飽和液**，$0 < x < 1$ の状態が**湿り蒸気**，$x = 1$ の状態が**飽和蒸気**に対応する．

8.3.2 臨界点

共存曲線上では図 8.3 のようにギブズの自由エネルギーの極小値が 2 つ存在するが，臨界点に近づくとこれらの極小値をとるモル体積 v_l と v_g の値は接近し，臨界点から先ではギブズの自由エネルギーの極小値が一つしかなく，一つの相として振舞う．逆に，超臨界状態から臨界点に近づくと極小点は平坦になり，さらに平坦な部分に山が生じて分岐することが知られている．

【演習 8.1】 水蒸気の状態線図

水蒸気の状態線図を TS 線図により示せ．

〔解答〕

水蒸気の TS 線図を模式的に図 8.4 に示す．実線で表した山なりの曲線の頂点が臨界点であり，その左側は飽和液線 ($x = 0$)，右側は飽和蒸気線 ($x = 1$) である．一点鎖線は乾き度 x 一定の曲線，点線は圧力一定の曲線を表している．この図では，臨界点に近づくと，液相と気相を表すエントロピーの値は接近することがわかる．

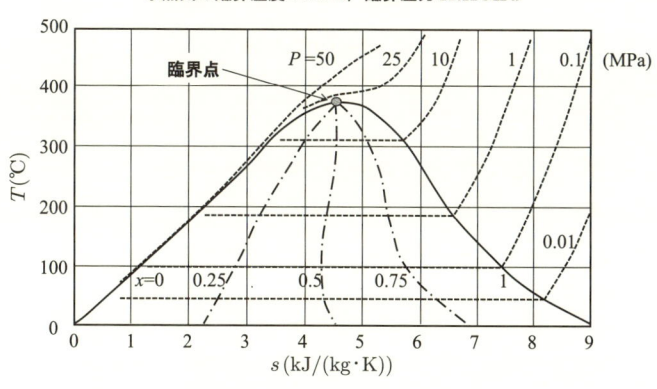

図 8.4 水蒸気の TS 線図

8.3.3 相変化における潜熱と体積仕事

A 相と B 相が共存している場合を考えよう．それぞれの相のギブズの自由エネルギー G は圧力 P と温度 T の関数であり，P–T–G 空間の曲面で表される．これらの曲面は交わり，交線が形成される．この交線を PT 面上に投影し

たものが相図における共存曲線である．この交線の両側で G の大きさが逆転するが，G の小さい相が実現する．

交線上では，G の値は等しいが曲面の傾きは不連続となる．圧力を一定に保って温度を変化させた場合，その傾き $(-S)$ の差は，

$$\Delta S = S_B - S_A = -\left(\frac{\partial G_B}{\partial T}\right)_{P=P_0} + \left(\frac{\partial G_A}{\partial T}\right)_{P=P_0} \tag{8.6}$$

となる．このエントロピーの差が相変化における**潜熱** L（融解熱，気化熱）に対応する．

$$L = T(P_0)\Delta S \tag{8.7}$$

特に，水の場合，氷の融点と融解熱は 273.15 K（0 °C），334 kJ/kg，水の沸点と気化熱は 373.15 K（100 °C），2260 kJ/kg である．一方，温度を一定に保って圧力を変化させた場合，同様に，

$$\Delta V = V_B - V_A = \left(\frac{\partial G_B}{\partial P}\right)_{T=T_0} - \left(\frac{\partial G_A}{\partial P}\right)_{T=T_0} \tag{8.8}$$

この体積差が相変化における体積仕事 W に対応する．

$$W = -P(T_0)\Delta V \tag{8.9}$$

8.4 ファン・デル・ワールス気体の相変化

ファン・デル・ワールス気体についてギブズの自由エネルギーを算出してみよう．ギブズの自由エネルギーに関する熱力学恒等式

$$dG = -SdT + VdP \tag{8.10}$$

において，等温線に沿って積分すると，Z 点を基準として，

$$G = \int_{P_Z}^{P} VdP + G_Z \quad (T = \text{const.}) \tag{8.11}$$

となる．

【演習 8.2】 ファン・デル・ワールス気体の場合のギブズの自由エネルギー
ファン・デル・ワールス気体の場合のギブズの自由エネルギーを式 (8.11) より求めよ．

8.4 ファン・デル・ワールス気体の相変化

〔解答〕

式 (8.11) より，1 モルあたり，

$$g = \int_{P_Z}^{P} v dP + g_Z \quad (T = \text{const.})$$

$$= \int_{v_Z}^{v} v \left(\frac{\partial P}{\partial v}\right)_T dv + g_Z$$

$$= \int_{v_Z}^{v} v \left(\frac{2a}{v^3} - \frac{RT}{(v-b)^2}\right) dv + g_Z$$

$$= \left[-\frac{2a}{v} - RT \left(\ln(v-b) - \frac{b}{v-b}\right)\right]_{v_Z}^{v} + g_Z$$

これにより，ギブズの自由エネルギーとモル体積の関係について温度 T をパラメータとして図 8.5 に示す．右図は横軸を対数で表示したものである．なお，便宜上，$g_Z|_{v_Z=10\text{m}^3/\text{kmol}} = 0$ として図示した．

相転移は同じ温度・圧力で異なる 2 相が存在するときにギブズの自由エネルギーが小さいほうが実現されるということであり，図からわかるように，温度 573.15 K 以下では，ギブズの自由エネルギーは，あるモル体積で極大値を有するので，その極大位置よりも小さいところと大きいところで値が同じになることがある．そのうち，圧力も同じという状態でギブズの自由エネルギーが一致することがあり，これが相平衡状態に対応する．

このことを明確化するために，図 8.5 のギブズの自由エネルギーを，圧力とモル体積の関係を介して圧力の関数として図 8.6 に示す．左図は温度 373.15 K，右図

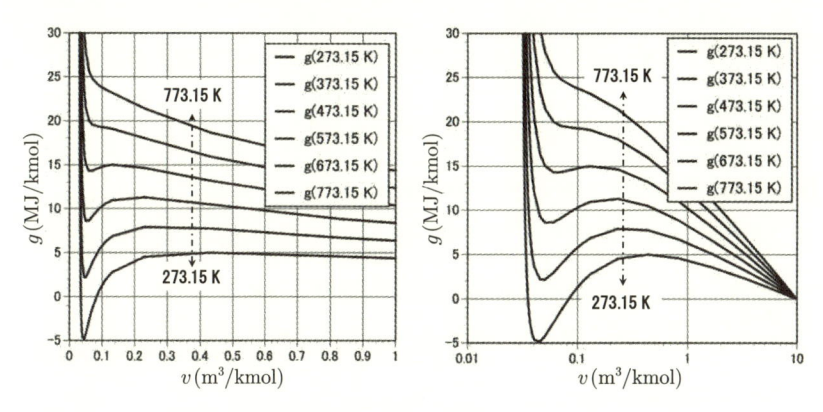

図 8.5 ファン・デル・ワールス気体の場合のギブズの自由エネルギーとモル体積および温度の関係

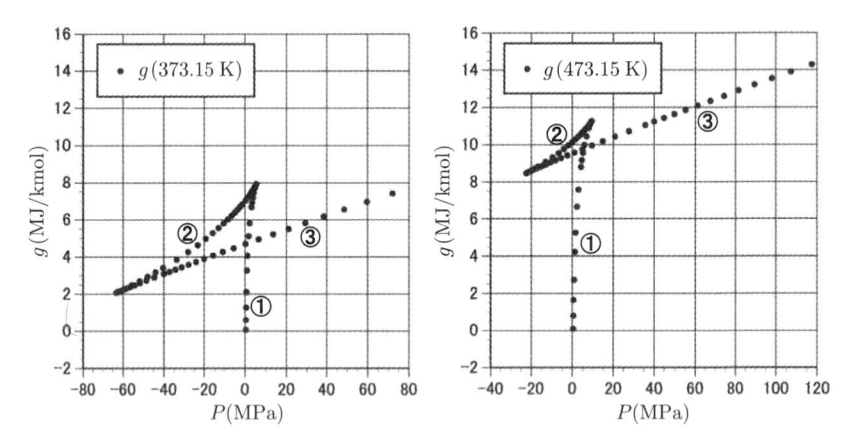

図 8.6 ファン・デル・ワールス気体の場合のギブズの自由エネルギーと圧力の関係 (温度 373.15 K, 473.15 K)

は 473.15 K の場合である．なお，圧力が負の領域は物理的意味がない．ギブズの自由エネルギーは，① 圧力が 0 付近から上昇するとともに増加し，極大となった後，② 圧力の減少とともに低下する．さらに，極小値を取った後，③ 圧力の増加とともに増加する．① の領域は気相に対応し，③ の領域は液相に対応する．① と ③ の領域が交差する点が相平衡状態であり，これよりも圧力が小さい場合には気相，大きい場合には液相が実現する．また，② の領域は熱力学的には存在できない状態である．

臨界点は等温線の極大点と極小点とが一致する点として定義されている．

$$\left(\frac{\partial P}{\partial v}\right)_{T=T_c} = 0, \quad \left(\frac{\partial^2 P}{\partial v^2}\right)_{T=T_c} = 0 \tag{8.12}$$

臨界温度，臨界圧力，臨界モル体積は次式で表され，

$$T_c = \frac{8a}{27Rb}, \quad P_c = \frac{a}{27b^2}, \quad v_c = 3b \tag{8.13}$$

これを用いると，換算された状態方程式は次式で表される．

$$\left(P_r + \frac{3}{v_r^2}\right)\left(v_r - \frac{1}{3}\right) = \frac{8}{3}T_r \tag{8.14}$$

8.5 クラペイロン–クラウジウスの式

共存曲線上の近傍の2点 (T, P) と $(T+dT, P+dP)$ で，A相とB相のギブズの自由エネルギーを考え，それらが両方の点で等しいことから，

$$G_A + \left(\frac{\partial G_A}{\partial T}\right)dT + \left(\frac{\partial G_A}{\partial P}\right)dP + \left(\frac{\partial G_A}{\partial N}\right)dN$$
$$= G_B + \left(\frac{\partial G_B}{\partial T}\right)dT + \left(\frac{\partial G_B}{\partial P}\right)dP + \left(\frac{\partial G_B}{\partial N}\right)dN \quad (8.15)$$

したがって，

$$G_A - S_A dT + V_A dP + \mu_A dN$$
$$= G_B - S_B dT + V_B dP + \mu_B dN \quad (8.16)$$

整理して，$\mu_A = \mu_B$ となることから，

$$\frac{dP}{dT} = \frac{S_B - S_A}{V_B - V_A} = \frac{\Delta S}{\Delta V} = \frac{L}{T \Delta V}$$
$$= \frac{T \Delta S}{P \Delta V} \frac{P}{T} = \frac{Q}{-W} \frac{P}{T} \quad (8.17)$$

この式を**クラペイロン–クラウジウスの式**とよぶ．

固–液転移では，通常物質の場合，相転移曲線の傾きは正なので，圧力の増加とともに転移温度が上昇し，等温で昇圧すると，液相から固相への転移を引き起こす．一方，水の場合，相転移曲線の傾きは負なので，圧力の増加とともに転移温度が下降し，等温で昇圧すると，固相から液相への転移を引き起こす．これは固相の比体積が液相のそれより大きいためである．この結果，氷が水に浮き，表面から凍ること，スケートでよく滑ることになると考えられている．しかし，これについては他の解釈もなされている．

液–気転移では，理想気体の状態方程式を適用し，液相の体積を無視することにより，以下のように近似解が得られる．

$$\frac{dP}{dT} = \frac{L}{T \Delta V} = \frac{L}{T(V_G - V_L)}$$
$$= \frac{L}{TV_G\left(1 - \frac{V_L}{V_G}\right)} \approx \frac{L}{T\frac{nRT}{P}(1-0)} = \frac{LP}{nRT^2} \quad (8.18)$$

$$\frac{dP}{P} = \frac{L}{nR}\frac{dT}{T^2} \quad (8.19)$$

これを積分すると

$$[\ln P]_{P_0}^{P} = -\frac{L}{nR}\left[\frac{1}{T}\right]_{T_0}^{T}, \quad P = P_0 \exp\left[-\frac{L}{nR}\left(\frac{1}{T} - \frac{1}{T_0}\right)\right] \quad (8.20)$$

たとえば，水の場合には，蒸発潜熱 2260×10^3 J/kg，気体定数 8314.472 J/(K·kmol)，水のモル質量 18 kg/kmol とし，100 °C で 1 atm = 101325 Pa を用いると，

$$P = 101325 \exp\left[-\frac{2260 \times 10^3 \times 18}{1 \times 8314.472}\left(\frac{1}{T} - \frac{1}{373.15}\right)\right]$$

$$= 101325 \exp\left[-4893\left(\frac{1}{T} - \frac{1}{373.15}\right)\right] \quad (8.21)$$

また，実用的な式として以下の 2 つの式が提案されている．

$$\ln P = -5.8002206 \times 10^3 T^{-1} + 1.3914993 - 4.8640239 \times 10^{-2} T$$

$$+ 4.1764768 \times 10^{-5} T^2 - 1.4452093 \times 10^{-8} T^3 + 6.5459673 \ln T \quad (8.22\text{a})$$

$$P = \frac{101325}{760} \exp\left[18.5815 - \frac{3987.1}{T - 39.45}\right] \quad (8.22\text{b})$$

【演習 8.3】 水蒸気の飽和蒸気圧曲線の近似解

水蒸気の飽和蒸気圧曲線の近似解は低温側では比較的よく対応していることを示せ．

〔解答〕

水の飽和蒸気圧線図を図 8.7 に示す．近似解 (8.21) を実線，実用的な式 (8.22a) および式 (8.22b) を破線および点線で表してある．このように，近似解は低温側では実用的な式に比較的よく対応している． ■

【演習 8.4】 クラペイロン–クラウジウスの式のギブズ–デュエムの式による誘導

クラペイロン–クラウジウスの式をギブズ–デュエムの式を用いて誘導せよ．

$$-SdT + VdP - \sum_i \{N_i d\mu_i\} = 0$$

〔解答〕

この式を 1 成分系の A 相と B 相に適用すると，

8.5 クラペイロン–クラウジウスの式

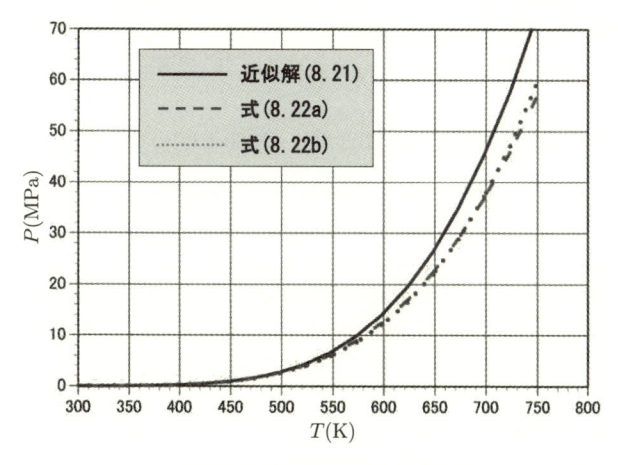

図 8.7 水の飽和蒸気圧線図

$$N_A d\mu_A = -S_A dT + V_A dP, \quad N_B d\mu_B = -S_B dT + V_B dP$$

$$d\mu_A = -s_A dT + v_A dP, \qquad d\mu_B = -s_B dT + v_B dP$$

相平衡では,

$$\mu_A = \mu_B, \quad d\mu_A = d\mu_B$$

したがって,

$$\frac{dP}{dT} = \frac{s_B - s_A}{v_B - v_A}$$

【演習 8.5】 氷点降下

圧力が 1 気圧上がるごとに氷点はどのように変るか.

〔解答〕

氷の融点と融解熱は 273.15 K (0 °C), 334 kJ/kg, また, 氷の密度は 917 kg/m^3 なので, 1 kg あたり,

$$\frac{dP}{dT} = \frac{L}{T\Delta v} = \frac{334000}{273.15 \times \left(\dfrac{1}{1000} - \dfrac{1}{917}\right)} = -13.51 \times 10^6 \text{ J/(K·m}^3)$$

$$= -13.51 \times 10^6 \text{ Pa/K}$$

$$\frac{dT}{dP} = -0.0740 \times 10^{-6} \text{ K/Pa} = -0.0075 \text{ K/atm}$$

【演習 8.6】 沸点降下

中心気圧が 950 hPa の台風の中心では水は何 °C で沸騰するか．

〔解答〕

水の沸点と気化熱は 373.15 K（100 °C），2260 kJ/kg なので，1 kmol あたり，

$$\frac{dP}{dT} = \frac{L}{T\Delta V} \approx \frac{18 \times 2260}{373.15 \times \left(22.4 \times 10^{-3} \times \frac{373.15}{273.15}\right)} = 3560.4 \text{ Pa/K}$$

$$T - 100 = \frac{1}{3560.4} \times (95000 - 101325) = -1.78 \text{ K}$$

$$T = 98.22°\text{C}$$

■

【演習 8.7】 水の蒸発

大気圧下で 1 kmol の水が蒸発する際の外から加えられた熱量（蒸発潜熱）と外にした仕事を求め，dP/dT を求めよ．

〔解答〕

仕事と熱は次式のようになる．

$$-W = P\Delta V = 101325 \times \left(22.414 \times \frac{373.15}{273.15}\right) = 3102.5 \text{ kJ}$$

$$Q = L = 2260 \times 18 = 40680 \text{ kJ}$$

式 (8.17) より，

$$\frac{dP}{dT} = \frac{Q}{-W}\frac{P}{T} = \frac{40680}{3102.5} \times \frac{101325}{373.15} = 3560.4 \text{ Pa/K}$$

■

8.6 ギブズの相律

多成分からなる混合物において，化学反応のない相転移を考えよう．ここで，

成分：$\kappa = 1, 2, \cdots, \nu$ 　　（ν は成分の種類の数）

相： $i = 1, 2, \cdots, n$ 　　（n は相の個数）

とする．i 番目の相に含まれる成分 α の粒子数は $N_\alpha^{(i)}$ で表され，それらの割合を表すモル分率は

$$x_\alpha^{(i)} \equiv \frac{N_\alpha^{(i)}}{\sum_\kappa N_\kappa^{(i)}} \tag{8.23}$$

8.6 ギブズの相律

で表される.ある温度 T, 圧力 P での平衡状態では,全系のギブズの自由エネルギー

$$G(N_1^{(1)}, N_2^{(1)}, \cdots, N_1^{(2)}, N_2^{(2)}, \cdots, T, P) \\ = G^{(1)}(N_1^{(1)}, N_2^{(1)}, \cdots, T, P) + G^{(2)}(N_1^{(2)}, N_2^{(2)}, \cdots, T, P) + \cdots \quad (8.24)$$

が最小となる.独立な状態量の数は,温度,圧力と,成分組成については割合が示強変数となるので,

$$n(\nu - 1) + 2 \quad (8.25)$$

粒子 α を i 相から j 相へ $\delta N_\alpha^{(i)} = -\delta N_\alpha^{(j)}$ 個だけ移したとき,

$$\delta G = -\left(\frac{\partial G^{(i)}}{\partial N_\alpha^{(i)}}\right)_{N_\kappa^{(i)}, T, P} \delta N_\alpha^{(j)} + \left(\frac{\partial G^{(j)}}{\partial N_\alpha^{(j)}}\right)_{N_\kappa^{(j)}, T, P} \delta N_\alpha^{(j)} \quad (8.26)$$

最初の状態が平衡状態であるためには,$\delta G = 0$ でなければならないので,

$$\mu_\alpha^{(i)} = \left(\frac{\partial G^{(i)}}{\partial N_\alpha^{(i)}}\right)_{N_\kappa^{(i)}, T, P} = \left(\frac{\partial G^{(j)}}{\partial N_\alpha^{(j)}}\right)_{N_\kappa^{(j)}, T, P} = \mu_\alpha^{(j)} \quad (8.27)$$

すべての成分について,すべての相で考えると,

$$\mu_1^{(1)} = \mu_1^{(2)} = \cdots = \mu_1^{(n)} \\ \mu_2^{(1)} = \mu_2^{(2)} = \cdots = \mu_2^{(n)} \quad (8.28)$$

$\cdots\cdots\cdots$

となり,式の数は $\nu(n-1)$ 個ある.

混合物の**自由度** f(独立な状態量の数)は,独立変数と式の数の差なので,

$$f = \{n(\nu - 1) + 2\} - \{\nu(n-1)\} = -n + \nu + 2 \quad (8.29)$$

となる.自由度は 0 以上でなければならないので,

$$f = -n + \nu + 2 \geqq 0 \quad \text{あるいは} \quad n \leqq \nu + 2 \quad (8.30)$$

これをギブズの相律という.

【演習 8.8】 二成分系で気相・液相が存在する場合

二成分系で気相・液相が存在する場合の自由度はいくつか.また,状態図の例を

示せ.

〔解答〕
ギブズの相律より 2 である．たとえば，アルコール水溶液の場合，図 8.8 に示すように，圧力を大気圧で固定しても，温度は一義的には定まらずアルコールの濃度によって変化する．　■

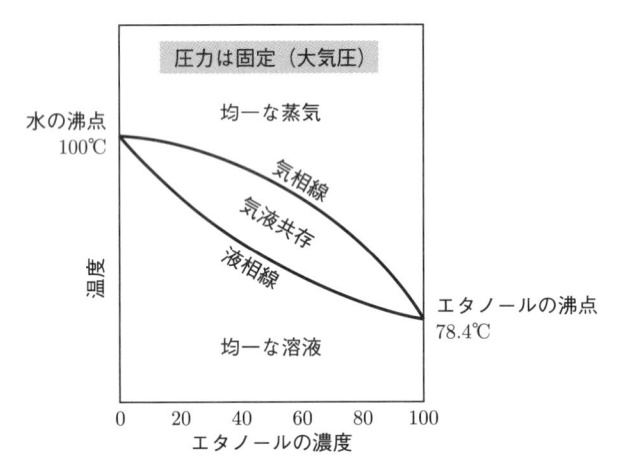

図 8.8　二成分系の気相・液相の状態図（アルコール水溶液）

8.7　混合のエントロピー

異種の気体 A と B が体積 V の容器内で混合している場合を考える．それぞれの気体が，図 8.9 に示すように，元の体積 V_A と V_B から体積 V まで膨張する際にエントロピーが増大し，それが**混合のエントロピー**となる．理想気体では，

$$\Delta S = n_A R \ln \frac{V}{V_A} + n_B R \ln \frac{V}{V_B} \tag{8.31}$$

となる．$V_i/V = n_i/n = x_i$ なので，

$$\Delta S = -n_A R \ln x_A - n_B R \ln x_B \tag{8.32}$$

混合物の全エントロピーは

$$S = S_A + S_B + \Delta S = (S_A - n_A R \ln x_A) + (S_B - n_B R \ln x_B) \tag{8.33}$$

8.7 混合のエントロピー

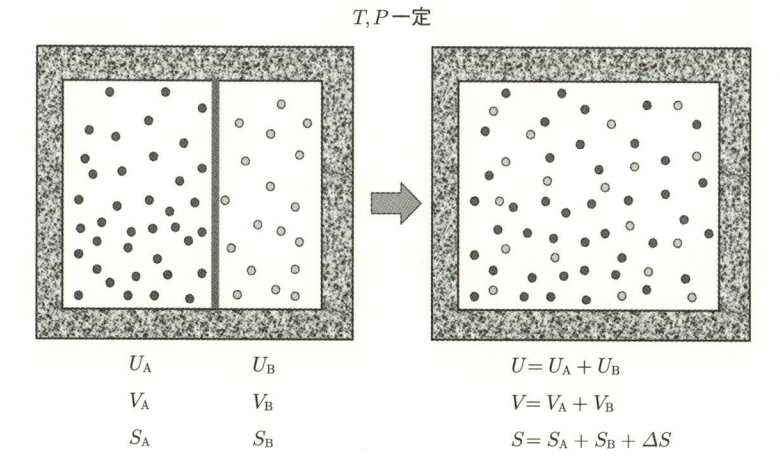

T, P 一定

U_A U_B $U = U_A + U_B$
V_A V_B $V = V_A + V_B$
S_A S_B $S = S_A + S_B + \Delta S$

図 8.9 混合のエントロピー

同様に，多成分の混合物の全エントロピーは，

$$S = \sum_i S_i + \Delta S = \sum_i (S_i - n_i R \ln x_i) \quad (8.34)$$

と表される．

なお，同種の気体が混合する場合には，気体 A と B はマクロには区別できないので，上式は適用できない．この場合には，濃度勾配が生じず，マクロには変化が起こらない．すなわち，エントロピーは増えず，不可逆過程ではない．

【演習 8.9】 混合物のギブズの自由エネルギー
混合物のギブズの自由エネルギーを示せ．
〔解答〕
混合物のギブズの自由エネルギーは次式で表される．

$$G = H - TS = \sum_i H_i - T \sum_i (S_i - n_i \ln x_i)$$

$$= \sum_i \{H_i - TS_i + n_i RT \ln x_i\}$$

$$= \sum_i \{G_i + n_i RT \ln x_i\} = \sum_i n_i \left[\bar{\mu}_i(P, T) + RT \ln x_i\right] \blacksquare$$

問題 8

8.1 いくつかの相が現れた際の相平衡の条件を示し，相図における共存曲線，三重点および臨界点について説明せよ．

8.2 ファン・デル・ワールス気体の場合について相変化の様子を説明せよ．

8.3 クラペイロン–クラウジウスの式について説明せよ．

8.4 ギブズの相律について説明せよ．

8.5 異種の気体が混合する場合における混合のエントロピーの概念について説明せよ．

9章 化学反応と化学平衡

　化学平衡も，相平衡と同様，等温・等圧変化で生じることが多い．したがって，熱力学的平衡状態ではギブズの自由エネルギーが最小となる．ただし，全系の粒子数が一定には保たれない．まず，化学反応について概説し，その特別な場合として化学平衡について述べる．特に，熱工学で重要な燃焼反応を取り上げる．

9.1 総括反応と素反応

　化学反応が生じている系をどんどん拡大していくと，最後には分子や原子あるいはラジカルなどの粒子が互いに衝突を繰り返しているのが見えてくる．粒子が衝突している過程をさらに詳細に観察すると，衝突した粒子がそのまま再び分かれていく場合と，衝突の瞬間にそれぞれの粒子内部の電子構造が変化して化学結合の組み換えが起こる場合とがある．後者の場合には化学変化が生じたと考えることができる．化学反応の中にはその過程が単純ではなく，燃焼反応などのように，反応物が生成物に変化するときに，上に述べた化学変化を何段階も経て進行していくものがある．この場合に，もうそれ以上分解することができない最小単位の過程を**素反応**とよぶ．素反応に対して，たとえばメタンの燃焼反応を

$$CH_4 + 2O_2 \rightarrow CO_2 + 2H_2O \tag{9.1}$$

と表すように，反応前後の主な物質収支の形にまとめた反応式を**総括反応**という．
　燃焼反応の例のように，ほとんどの化学種間の反応は複数の素反応からなっている複合反応である．したがって，化学反応を厳密に解析するためには，対象となっている化学反応を素反応に分解し，それぞれの素反応の速度を求めることによってそれらの寄与を評価しなければならない．このような分野を**反応動力学**という．

9.2 実在気体の熱力学定数

化学反応が生じる場合には，各化学種の熱力学定数が必要となり，特に燃焼反応のように大きな温度変化があるときには，その温度依存性を考慮しなければならない．すべての熱力学定数は，各化学種の定圧比熱 $c_{p,i}$ を与えることにより熱力学的関係式より算出できる．

$$h_i = h_i^0 + \int_{T^0}^T c_{p,i} dT$$
$$s_i = \int_{T^0}^T \frac{c_{p,i}}{T} dT \quad (9.2)$$

すなわち，

$$\frac{c_{p,i}}{R_i'} = a_{1i} + a_{2i}T + a_{3i}T^2 + a_{4i}T^3 + a_{5i}T^4$$
$$\frac{h_i}{R_i'T} = a_{1i} + \frac{a_{2i}}{2}T + \frac{a_{3i}}{3}T^2 + \frac{a_{4i}}{4}T^3 + \frac{a_{5i}}{5}T^4 + \frac{a_{6i}}{T} \quad (9.3)$$
$$\frac{s_i}{R_i'} = a_{1i}\ln T + a_{2i}T + \frac{a_{3i}}{2}T^2 + \frac{a_{4i}}{3}T^3 + \frac{a_{5i}}{4}T^4 + a_{7i}$$

ここで，各成分の気体定数 $R_i' = R/M_i$ を用いた．したがって，この多項式の係数データを用意すればよい．

標準状態（化学反応の分野では，1 atm，298 K）におけるエンタルピー h_i^0 を**標準生成エンタルピー**とよぶ．化学種の標準生成エンタルピーを評価するために，基準となる物質が必要であり，水素分子（気体），酸素分子（気体），炭素（グラファイト），窒素分子（気体），イオウといった標準状態で安定な単体（同一元素で構成される物質）を「標準物質」として，その標準生成エンタルピーを

表 9.1 代表的な化学種の生成エンタルピー (1 atm)

(kJ/mol)

温度 (K)	CH_4	CO	CO_2	H	H_2O
298.15	−74.873	−110.527	−393.522	217.999	−241.826
500	−80.802	−110.003	−393.666	219.254	−243.826
1000	−89.849	−111.983	−394.623	222.248	−247.857
1500	−92.553	−115.229	−395.668	224.836	−250.265
2000	−92.174	−118.896	−396.784	226.898	−251.575
2500	−91.705	−122.994	−398.222	228.518	−252.379

9.2 実在気体の熱力学定数

表 9.2 代表的な化学種の生成ギブズの自由エネルギー (1 atm)

(kJ/mol)

温度 (K)	CH_4	CO	CO_2	H	H_2O
298.15	−50.768	−37.163	−394.389	203.278	−228.854
500	−32.741	−155.414	−394.939	192.957	−219.051
1000	19.492	−200.275	−395.886	165.485	−192.590
1500	74.918	−243.740	−396.288	136.522	−164.376
2000	130.802	−286.034	−396.333	106.760	−135.528
2500	186.622	−327.356	−396.062	76.530	−106.416

基準値 0 として定義している．代表的な化学種の生成エンタルピーを表 9.1 に示す．これらを基準として，各種の反応の反応熱を算出することができる．また，ヘスの法則を用いて未知の化学種の生成エンタルピーが算出できる．さらに，生成ギブズの自由エネルギーも表 9.2 に示した．

【演習 9.1】 窒素のエンタルピーとエントロピー

演習 3.7 で示した窒素の定圧比熱の多項式近似式の 6 および 7 番目の係数を用いて，窒素のエンタルピーとエントロピーの温度依存性を図示せよ．

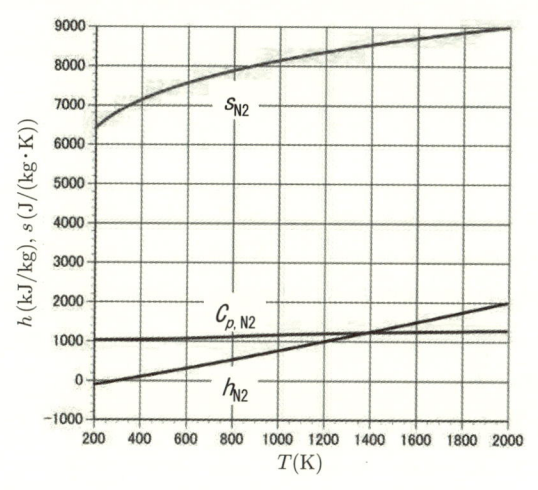

〔解答〕
図 9.1 に示す．

図 9.1 窒素のエンタルピーとエントロピー (1 atm)

9.3 反応動力学

素反応機構の素反応式は次式で表される．

$$\sum_{i=1}^{N} \nu'_{i,k} \boldsymbol{M}_i \to \sum_{i=1}^{N} \nu''_{i,k} \boldsymbol{M}_i, \quad k = 1, \cdots, M \tag{9.4}$$

ここで，化学種記号 $\boldsymbol{M}_i$，素反応の総数 M，素反応機構の番号 k，**量論係数** $\nu'_{i,k}, \nu''_{i,k}$ である．また，左辺および右辺に現れる化学種 $\boldsymbol{M}_i$ を反応物および生成物という．素反応は分子同士の衝突によって起こるので，素反応式に実際に現れる項は左辺も右辺も 1〜3 程度であり，量論係数は通常 0，1 あるいは 2 に限られる．

k 番目の素反応の**反応進行度** $\Delta\xi_k$ を用いると，各成分のモル数の変化は，$\Delta n_j = (\nu''_{j,k} - \nu'_{j,k})\Delta\xi_k$ と表される．反応進行度のように，単に反応の進行の度合いによるモル数の変化ではなく，単位体積あたりにおけるモル数（すなわちモル濃度）の単位時間あたりの変化を定量的に考える．

すべての反応による化学種 i の正味の質量生成速度 w_i（モル生成速度 $\omega_i = w_i/M_i$）は，k 番目の素反応のモル反応速度（reaction rate）$\hat{\omega}_k$ あるいは比反応速度定数（反応速度定数）k_k によって次式のように表される．

$$\begin{aligned} w_i &= M_i \sum_k (\nu''_{i,k} - \nu'_{i,k})\hat{\omega}_k \quad &[\text{kg}/(\text{m}^3 \cdot \text{s})] \\ \omega_i &= \sum_k (\nu''_{i,k} - \nu'_{i,k})\hat{\omega}_k \quad &[\text{kmol}/(\text{m}^3 \cdot \text{s})] \\ \hat{\omega}_k &= k_k \prod_j c_j^{\nu'_{j,k}} = k_k \prod_j (\rho Y_j/M_j)^{\nu'_{j,k}} \\ k_k &= A_k \exp\left(-\frac{E_k}{RT}\right), \quad A_k = B_k T^{\alpha_k} \end{aligned} \tag{9.5}$$

ここで，B_k, α_k, E_k は，頻度因子，温度次数，活性化エネルギーである．頻度因子の単位は，反応式の項の数（3 体反応かどうか）や α_k の値に依存することに注意する必要がある．

質量生成速度 w_i は，k 番目の素反応による化学種 i の正味の生成速度 $w_{i,k}$ により，

$$w_i = \sum_k w_{i,k}, \quad w_{i,k} = M_i(\nu''_{i,k} - \nu'_{i,k})\hat{\omega}_k \tag{9.6}$$

9.3 反応動力学

熱発生速度 q は次式で表される.

$$q = -\sum_i h_i w_i \quad [\text{J/(m}^3\cdot\text{s)} = \text{W/m}^3] \tag{9.7}$$

また, k 番目の素反応における発熱量 q_k により, 次式のように表される.

$$\begin{aligned} q &= \sum_k q_k \hat{\omega}_k, \\ q_k &= \sum_i \{-h_i M_i (\nu''_{i,k} - \nu'_{i,k})\} \quad [\text{J/kmol}] \end{aligned} \tag{9.8}$$

したがって, 熱発生速度 q に対する k 番目の素反応による寄与は $q_k \hat{\omega}_k$ となる.

各素反応（正反応）には反応物と生成物が入れ替わった反応（逆反応）が存在し, 正・逆反応をまとめて考えるときには, M を素反応の正逆を一組として数え,

$$\begin{aligned} \hat{\omega}_k &= k_{f,k} \prod_j c_j^{\nu'_{j,k}} - k_{b,k} \prod_j c_j^{\nu''_{j,k}} \\ &= k_{f,k} \prod_j (PX_j/RT)^{\nu'_{j,k}} - k_{b,k} \prod_j (PX_j/RT)^{\nu''_{j,k}} \end{aligned} \tag{9.9}$$

とする.

このような素反応機構を考慮した化学反応機構の例として, 膨大な素反応群の重要な骨組みだけを取り出して構成したメタン・空気系に対する M.D. Smooke（1991 年）らによるメタン・空気系スケルタル素反応機構を表 9.3 に示す.

【演習 9.2】 メタンの燃焼反応の反応経路

メタン・空気系スケルタル素反応機構に基づき, メタンの燃焼反応の反応経路図を示せ.

〔解答〕

メタンの燃焼反応の反応経路図を図 9.2 に示す. 図に示すように, メタンは総括反応で示されるように直接に CO_2 になるわけではなく, 連鎖反応により H 原子が引き抜かれ, 酸素原子が付加されることにより, 何段階も経て最終的に CO_2 となる.

表 9.3 メタン・空気系スケレタル素反応機構 (M.D. Smooke, 1991 年)
(Units: mol, cm^3, s, K and cal/mol)

k	素反応式	B_k	α_k	E_k	q_k (300 K)
1f	$H + O_2 \to OH + O$	2.000E+14	0.000	16800.0	−7.02E+07
1b	$OH + O \to H + O_2$	1.575E+13	0.000	690.0	(J/kmol)
2f	$O + H_2 \to OH + H$	1.800E+10	1.000	8826.0	−7.77E+06
2b	$OH + H \to O + H_2$	8.000E+09	1.000	6760.0	
3f	$H_2 + OH \to H_2O + H$	1.170E+09	1.300	3626.0	6.29E+07
3b	$H_2O + H \to H_2 + OH$	5.090E+09	1.300	18588.0	
4f	$OH + OH \to O + H_2O$	6.000E+08	1.300	0.0	7.06E+07
4b	$O + H_2O \to OH + OH$	5.900E+09	1.300	17029.0	
5	$H + O_2 + M \to HO_2 + M$	2.300E+18	−0.800	0.0	2.08E+08
6	$H + HO_2 \to OH + OH$	1.500E+14	0.000	1004.0	1.50E+08
7	$H + HO_2 \to H_2 + O_2$	2.500E+13	0.000	700.0	2.28E+08
8	$OH + HO_2 \to H_2O + O_2$	2.000E+13	0.000	1000.0	2.91E+08
9f	$CO + OH \to CO_2 + H$	1.510E+07	1.300	−758.0	1.04E+08
9b	$CO_2 + H \to CO + OH$	1.570E+09	1.300	22337.0	
10f	$CH_4 + (M) \to CH_3 + H + (M)$	6.300E+14	0.000	104000.0	−4.38E+08
10b	$CH_3 + H + (M) \to CH_4 + (M)$	5.200E+12	0.000	−1310.0	
11f	$CH_4 + H \to CH_3 + H_2$	2.200E+04	3.000	8750.0	−2.64E+06
11b	$CH_3 + H_2 \to CH_4 + H$	9.570E+02	3.000	8750.0	
12f	$CH_4 + OH \to CH_3 + H_2O$	1.600E+06	2.100	2460.0	6.02E+07
12b	$CH_3 + H_2O \to CH_4 + OH$	3.020E+05	2.100	17422.0	
13	$CH_3 + O \to CH_2O + H$	6.800E+13	0.000	0.0	2.93E+08
14	$CH_2O + H \to HCO + H_2$	2.500E+13	0.000	3991.0	5.85E+07
15	$CH_2O + OH \to HCO + H_2O$	3.000E+13	0.000	1195.0	1.21E+08
16	$HCO + H \to CO + H_2$	4.000E+13	0.000	0.0	3.72E+08
17	$HCO + M \to CO + H + M$	1.600E+14	0.000	14700.0	−6.39E+07
18	$CH_3 + O_2 \to CH_3O + O$	7.000E+12	0.000	25652.0	−1.20E+08
19	$CH_3O + H \to CH_2O + H_2$	2.000E+13	0.000	0.0	3.50E+08
20	$CH_3O + M \to CH_2O + H + M$	2.400E+13	0.000	28812.0	−8.58E+07
21	$HO_2 + HO_2 \to H_2O_2 + O_2$	2.000E+12	0.000	0.0	1.57E+08
22f	$H_2O_2 + M \to OH + OH + M$	1.300E+17	0.000	45500.0	−2.14E+08
22b	$OH + OH + M \to H_2O_2 + M$	9.860E+14	0.000	−5070.0	
23f	$H_2O_2 + OH \to H_2O + HO_2$	1.000E+13	0.000	1800.0	1.34E+08
23b	$H_2O + HO_2 \to H_2O_2 + OH$	2.860E+13	0.000	32790.0	
24	$OH + H + M \to H_2O + M$	2.200E+22	−2.000	0.0	4.99E+08
25	$H + H + M \to H_2 + M$	1.800E+18	−1.000	0.0	4.36E+08

9.3 反応動力学

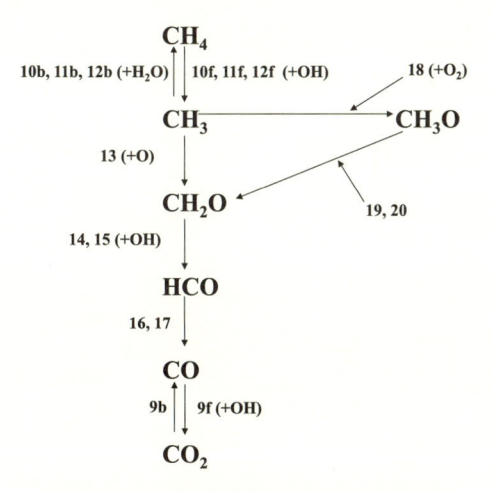

```
                    CH₄
  10b, 11b, 12b (+H₂O) │ 10f, 11f, 12f (+OH)    18 (+O₂)
                    ↓         ↓       ↙
                    CH₃  ─────────→  CH₃O
              13 (+O) │
                    ↓          ↖
                    CH₂O  ←────── 19, 20
              14, 15 (+OH) │
                    ↓
                    HCO
              16, 17 │
                    ↓
                    CO
               9b ↑ │ 9f (+OH)
                    ↓
                    CO₂
```

図 9.2 メタンの燃焼反応の反応経路図

反応動力学では,化学平衡は k 番目の素反応のモル反応速度 $\hat{\omega}_k = 0$ となる状態なので,

$$k_{f,k} \prod_j c_j^{\nu'_{j,k}} - k_{b,k} \prod_j c_j^{\nu''_{j,k}} = 0 \tag{9.10}$$

よって,

$$K_{C,k} = \frac{k_{f,k}}{k_{b,k}} \tag{9.11}$$

ここで, $K_{C,k}$ は**平衡定数**であり,特に濃度平衡定数といい,次式で定義され,以下のような恒等式が成立する.

$$\begin{aligned}
K_{C,k} &\equiv \frac{\prod_j c_j^{\nu''_{j,k}}}{\prod_j c_j^{\nu'_{j,k}}} = \frac{\prod_j (P_j/RT)^{\nu''_{j,k}}}{\prod_j (P_j/RT)^{\nu'_{j,k}}} \\
&= \frac{\prod_j (PX_j/RT)^{\nu''_{j,k}}}{\prod_j (PX_j/RT)^{\nu'_{j,k}}} = \frac{\prod_j (P/RT)^{\nu''_{j,k}}}{\prod_j (P/RT)^{\nu'_{j,k}}} \frac{\prod_j X_j^{\nu''_{j,k}}}{\prod_j X_j^{\nu'_{j,k}}} \\
&= \left(\frac{P}{RT}\right)^{\sum_j \nu''_{j,k} - \sum_j \nu'_{j,k}} \frac{\prod_j X_j^{\nu''_{j,k}}}{\prod_j X_j^{\nu'_{j,k}}}
\end{aligned} \tag{9.12}$$

また，圧力平衡定数は次式で定義される．

$$K_{P,k} \equiv \frac{\prod_j P_j^{\nu''_{j,k}}}{\prod_j P_j^{\nu'_{j,k}}} = P^{\sum_j \nu''_{j,k} - \sum_j \nu'_{j,k}} \frac{\prod_j X_j^{\nu''_{j,k}}}{\prod_j X_j^{\nu'_{j,k}}} \qquad (9.13)$$

したがって，これらの平衡定数の間には次の関係がある．

$$K_{C,k} = K_{P,k} \left(\frac{1}{RT}\right)^{\sum_j \nu''_{j,k} - \sum_j \nu'_{j,k}} \qquad (9.14)$$

式 (9.11) より，逆反応の反応速度は，平衡定数を用いることにより正反応から求めることができる．

9.4 化学反応の平衡条件

　一定の温度・圧力下での**化学平衡**の条件は，熱力学的にはギブズの自由エネルギーが最小となることである．ギブズの自由エネルギーは，式 (6.8) のように

$$G = H - TS \qquad (9.15)$$

であるので，ギブズの自由エネルギーを小さくするには，H を小さくするか，S を大きくしなければならない．また，後者の効果は温度が高いほど大きい．すなわち，化学反応式の反応物と生成物を考えたとき，反応が進むためには生成物のエンタルピーのほうが小さいか，あるいは生成物の粒子数のほうが多いことが必要であり，両者の兼ね合いで化学平衡状態は決まることになる．

　化学反応が起こる場合には，全系の粒子数が一定には保たれない．したがって，化学平衡の条件は，各成分のモル数の変化 Δn_j を用いると，

$$\delta G = \sum_j \left(\frac{\partial G}{\partial n_j}\right)_{P,T,n'} \Delta n_j = 0 \qquad (9.16)$$

ここで，k 番目の素反応の反応進行度 $\Delta \xi_k$ を用いると，

$$\Delta n_j = (\nu''_{j,k} - \nu'_{j,k})\Delta \xi_k \qquad (9.17)$$

と表されるので，

9.4 化学反応の平衡条件

$$\sum_j \left(\frac{\partial G}{\partial n_j}\right)_{P,T,n'} \left(\nu''_{j,k} - \nu'_{j,k}\right) \Delta\xi_k = 0$$

$$\therefore \sum_j \left(\frac{\partial G}{\partial n_j}\right)_{P,T,n'} \left(\nu''_{j,k} - \nu'_{j,k}\right) = 0 \quad (9.18)$$

したがって，各化学種の分圧 P_j に対応するモル化学ポテンシャルを用いて，化学平衡の条件は次式で表される．

$$\sum_j \nu'_{j,k} \bar{\mu}_j(T, P_j) - \sum_j \nu''_{j,k} \bar{\mu}_j(T, P_j) = 0$$

$$\sum_j \Delta\nu_{j,k} \bar{\mu}_j(T, P_j) = 0 \qquad \Delta\nu_{j,k} \equiv \nu''_{j,k} - \nu'_{j,k} \quad (9.19)$$

ここで，上式の左辺と右辺の差は化学反応の親和力とよばれ，化学平衡状態では 0 となる．

演習 6.9 で示した式で，P を分圧 P_j で置き換え，基準圧力 P_0 とともに全圧 P も考慮すれば，

$$\frac{\bar{\mu}_j(T, P_j)}{RT} = \frac{c_p - c_p \ln \frac{T}{T_0} - s_0}{R} + \frac{h_0 - T_0 c_p}{RT} + \ln \frac{P}{P_0}$$

$$+ \ln \frac{P_j}{P} \quad (9.20)$$

ここで，右辺第 1~3 項を次式のようにおけば，

$$\frac{\bar{\mu}_j(T, P)}{RT} = \frac{c_p - c_p \ln \frac{T}{T_0} - s_0}{R} + \frac{h_0 - T_0 c_p}{RT} + \ln \frac{P}{P_0} \quad (9.21)$$

次の関係式が得られる．

$$\frac{\bar{\mu}_j(T, P_j)}{RT} = \frac{\bar{\mu}_j(T, P)}{RT} + \ln \frac{P_j}{P} \quad (9.22)$$

これを式 (9.19) に代入すると，

$$\sum_j \nu'_{j,k} \left[\bar{\mu}_j(T, P) + RT \ln \left(\frac{P_j}{P}\right)\right]$$

$$= \sum_j \nu''_{j,k} \left[\bar{\mu}_j(T, P) + RT \ln \left(\frac{P_j}{P}\right)\right] \quad (9.23)$$

$$\sum_j \nu'_{j,k}\{\bar{\mu}_j(T,P) - RT\ln P\} - \sum_j \nu''_{j,k}\{\bar{\mu}_j(T,P) - RT\ln P\}$$

$$= RT\ln \frac{\prod_j P_j^{\nu''_{j,k}}}{\prod_j P_j^{\nu'_{j,k}}} \tag{9.24}$$

9.5 化学反応の圧力および温度依存性

化学平衡条件である式 (9.23) は，圧力平衡定数を用いると，

$$\ln K_{P,k} = -\sum_j \left[\frac{\Delta\nu_{j,k}\{\bar{\mu}_j(T,P) - RT\ln P\}}{RT}\right] \quad \Delta\nu_{j,k} \equiv \nu''_{j,k} - \nu'_{j,k} \tag{9.25}$$

したがって，圧力平衡定数 $K_{P,k}(T)$ は式 (9.21) からわかるように温度だけの関数となり，化学ポテンシャル（単位モル数あたりのギブズの自由エネルギー）から算出できる．

また，式 (9.13) より，

$$\frac{\prod_j X_j^{\nu''_{j,k}}}{\prod_j X_j^{\nu'_{j,k}}} = P^{\sum_j \nu'_{j,k} - \sum_j \nu''_{j,k}} K_{P,k}(T) \tag{9.26}$$

これらの関係式を**質量作用の法則**という．

式 (9.26) において，左辺は反応式の右辺と左辺の化学種の濃度の量論係数乗の積の比であり，右辺は圧力のみに依存する項と温度のみに依存する項の積で表されている．したがって，この式により，化学反応の進行方向に対する圧力および温度依存性が別々に検討できる．圧力のみに依存する項は，圧力の指数が反応式の左辺と右辺の量論係数のそれぞれの和の差 $\sum_j \nu'_{j,k} - \sum_j \nu''_{j,k}$ となっている．また，温度のみに依存する項は，圧力平衡定数で表されている．

まず，反応の圧力依存性については，反応系が外部から圧縮され圧力が上昇すると，$\sum_j \nu'_{j,k} - \sum_j \nu''_{j,k}$ が正の場合には右辺が大きくなるので，左辺の分子が大きくなる方向に反応は進む．逆に $\sum_j \nu'_{j,k} - \sum_j \nu''_{j,k}$ が負の場合には，左辺

9.5 化学反応の圧力および温度依存性

の分母が大きくなる方向に反応は進む．いずれにしても，量論係数の和が小さくなる方向（モル数が減少する方向）に反応は進む．したがって，体積が小さくなるので圧力は低下し，外部から圧縮されて圧力が上昇したという原因を取り除く方向に変化が起こることがわかる．

次に，反応の温度依存性については，圧力平衡定数 $K_{P,k}(T)$ に関する式 (9.25) の両辺を T で偏微分し，化学平衡の条件を適用すると次式が得られる．

$$\frac{d\ln K_{P,k}}{dT}$$

$$= -\sum_j \left[\Delta\nu_{j,k} \frac{\left\{\left(\frac{\partial\bar{\mu}_j(T,P)}{\partial T}\right)_P - R\ln P\right\}RT - \{\bar{\mu}_j(T,P) - RT\ln P\}R}{(RT)^2}\right]$$

$$= -\sum_j \left[\Delta\nu_{j,k} \frac{\left\{\left(\frac{\partial\bar{\mu}_j(T,P)}{\partial T}\right)_P\right\}RT - \{\bar{\mu}_j(T,P)\}R}{(RT)^2}\right]$$

$$= -\sum_j \left[\Delta\nu_{j,k} \frac{\left(\frac{\partial\bar{\mu}_j(T,P)}{\partial T}\right)_P}{RT}\right] + \sum_j \left[\frac{\Delta\nu_{j,k}\bar{\mu}_j(T,P)}{RT^2}\right] \quad (9.27)$$

ここで，式 (9.27) の右辺第 1 項において，

$$\left(\frac{\partial\bar{\mu}_j(T,P)}{\partial T}\right)_P = -s_j \qquad \sum(\Delta\nu_{j,k}s_j) = \frac{dS}{d\xi}$$

であり，反応式で左から右へ単位反応進行度あたりに外部へ放出する熱を Q とすると，

$$Q = -\frac{TdS}{d\xi} \quad \text{（発熱反応のとき正，吸熱反応のとき負）} \quad (9.28)$$

と表される．したがって，式 (9.27) の右辺第 1 項のみを考慮すると，**ファントホッフの定圧平衡式**とよばれる次式が得られる．

$$\frac{d\ln K_{P,k}}{dT} = -\frac{Q}{RT^2} \quad (9.29)$$

この式より，発熱反応のとき，加熱により温度が上昇すると，平衡定数は減少し，反応は逆方向に進み，発熱が小さくなり温度が低下し，原因を取り除く方向に変化は起こる．このように，反応系においても，ル・シャトリエの原理が成立することがわかる．

【演習 9.3】 平衡組成
反応式 $CH_4 + H_2O \longleftrightarrow CO + 3H_2$ の平衡組成を求めよ．ただし，全圧は 1 atm，温度は 298 K, 500 K, 1000 K, 1500 K, 2000 K とせよ．また，初期にはメタンと水は 1 モルずつあったとせよ．

〔解答〕
式 (9.26) より，

$$K_{P,k} = P^{(1+3)-(1+1)} \frac{X_{CO} X_{H_2}^3}{X_{CH_4} X_{H_2O}} = P^2 \frac{X_{CO} X_{H_2}^3}{X_{CH_4} X_{H_2O}}$$

また，式 (9.25) より

$$\ln K_{P,k} = -\frac{1}{RT}\{(1-0)\mu_{CO} + (3-0)\mu_{H_2} + (0-1)\mu_{CH_4} + (0-1)\mu_{H_2O}\}$$

CO の平衡状態におけるモル分率を y とすると，反応式の当量関係より，

$$X_{CO} = y, \quad X_{H_2} = 3y, \quad X_{CH_4} = 0.5 - 2y, \quad X_{H_2O} = 0.5 - 2y$$

よって，ギブズの自由エネルギーの表 9.2 より，たとえば 1000 K の場合，

$$\ln \frac{y(3y)^3}{(0.5-2y)^2}$$
$$= -\frac{(1-0)(-200.275) + (3-0)(0) + (0-1)(19.492) + (0-1)(-192.590)}{8.314472 \times 10^{-3} \times 1000}$$

計算して，

$$\frac{y(3y)^3}{(0.5-2y)^2} = 26.27$$

これを y について解けばよい．

$$27y^4 = 26.27(0.5-2y)^2$$
$$\sqrt{27}y^2 + 2\sqrt{26.27}y - 0.5\sqrt{26.27} = 0$$
$$y = \frac{-2\sqrt{26.27} \pm \sqrt{4 \times 26.27 + 4\sqrt{27} \times 0.5\sqrt{26.27}}}{2\sqrt{27}}$$

表 9.4 平衡組成の温度依存性

温度 (K)	CH_4	H_2O	CO	H_2
298	0.5	0.5	1.8×10^{-7}	5.4×10^{-7}
500	0.498	0.498	0.0009	0.0028
1000	0.051	0.051	0.225	0.673
1500	0.0007	0.0007	0.250	0.749
2000	6.9×10^{-5}	6.9×10^{-5}	0.250	0.750

9.5 化学反応の圧力および温度依存性

$$= \frac{-2 \times 5.125 \pm \sqrt{105.08 + 4 \times 5.196 \times 0.5 \times 5.125}}{2 \times 5.196}$$

$$= \frac{-10.25 \pm 12.583}{10.392} = 0.225 \quad （正値のみ）$$

温度 500 K ではほとんど水素は生成されないが，1000 K を超えると急激に生成され，温度に対して強い依存性があることがわかる． ∎

問題 9

9.1 総括反応と素反応について説明せよ．
9.2 化学平衡の条件について示し，平衡定数について説明せよ．
9.3 化学反応の圧力および温度依存性について説明せよ．

10章 不可逆過程の熱力学

　これまで述べてきたいわゆるマクロな古典的熱力学では，状態量の時間的変化や空間的分布の定量的な評価ができない．これに対して局所平衡の仮定を導入して状態量の定量的な評価ができるようにし，非平衡状態を取り扱えるようにした不可逆過程の熱力学がある．ここでは，この不可逆過程の熱力学について概説し，特に，この一分野である燃焼工学の成果の一例を紹介する．

10.1　局所平衡の仮定

　古典的な熱力学では，一様な系における状態変化や熱移動の方向性が経験的に示されているだけであり，時間や空間の概念がない．熱力学第1法則は，「2つの平衡状態の間の状態量の変化の関係」を示しているが，この法則だけでは状態量の時間的変化や空間的分布の定量的な評価ができない．熱力学第2法則は，「熱は高温物体から低温物体へ流れる」という現象の進む方向性を示しているが，この法則だけではその熱移動の速度の定量的な評価ができない．

　熱機関の性能を高め，単位時間単位大きさあたりの出力を評価するためには，熱サイクルの変化を時間的に定量化し，熱源からの熱移動の速度を定量的に計算する必要がある．熱的現象の定量的な評価を行うには，平衡状態だけでなく，非平衡状態に熱力学を拡張する必要がある．このためには，熱力学の対象を「一様な系」から「時間的変化と空間分布を有する系」に拡張しなければならない．

　この際，古典的な熱力学的で熱力学的平衡を前提として定義された状態量の概念を拡張して適用するために，**局所平衡の仮定**が導入されている．この仮定は，非平衡状態における現象を取り扱うために，系全体としては非平衡状態である系について，その内部をいくつかの部分系に分割し，各部分系では熱平衡状態であると仮定し，平衡熱力学で定義された各種の状態量が定義できるとし

たものである．

10.2 不可逆過程の熱力学

　熱力学的平衡でない非平衡状態を表すためには，より多くの変数が必要であり，いかに少数の変数で記述できるかで平衡状態が確認できる．たとえば，熱力学的平衡状態でないことは，流体では静止の状態にない場合，鋼やガラスでは過去の履歴（鋼の熱処理）に依存する場合として確認できる．このような場合には，局所平衡の仮定を導入し分布系として取り扱い，また，時間的概念を導入し熱移動速度や反応速度を用いて定量化する必要がある．このような非平衡状態を取り扱う学問を**不可逆過程の熱力学**といい，たとえば，流体力学，伝熱工学，燃焼工学などがあり，時間だけを独立変数とする常微分方程式の代わりに時間と空間座標を独立変数とする偏微分方程式を扱うことになる．一方，ミクロな膨大な数の原子・分子の系の力学では，非平衡統計熱力学がある．

　温度分布や熱移動速度は，何に支配されているのかを記述する現象論的な法則として，熱伝導に関するフーリエの法則があり，温度の分布が考察され，熱力学第2法則の定量化が可能となる．また，系の状態は温度だけではなく，流れによる運動量の輸送や拡散による物質の輸送が関与するので，粘性流体に対するニュートンの法則や，物質拡散に対するフィックの法則等の現象論的な法則も必要である．さらに，化学反応が存在する場合には反応速度を定量的に評価できる反応動力学における反応速度式が必要である．

　さらに，反応を伴う流れ場の系の状態を規定するための運動学的および熱力学的な状態量の時間変化と空間分布を支配する保存則として，質量保存則，成分の保存則，運動量保存則，熱力学第1法則を分布系に拡張したエネルギー保存則が用いられる．したがって，温度だけを従属変数として扱う1変数偏微分方程式ではなく，多数の従属変数を取り扱う多変数偏微分方程式が必要となる．

10.3　燃焼工学

　非平衡現象の典型的な例として，燃焼によって形成された火炎の非定常挙動を取り上げよう．このような反応を伴う流れ場の系の状態を規定するための運

動学的および熱力学的な状態量は，密度，圧力，速度，温度および各化学種の濃度であり，このような状態量を時間と空間座標の従属変数として決定するためには，独立な従属変数の数と同じ数の支配方程式が必要である．

化学反応を伴った流れの支配方程式は，保存方程式としては以下の質量保存則，運動量保存則，エネルギー保存則および成分の質量保存則であり，補助的な代数式として理想混合気体の状態方程式が必要となる．

質量保存則
$$\frac{\partial \rho}{\partial t} + \nabla \cdot (\rho \boldsymbol{v}) = 0 \tag{10.1}$$

運動量保存則
$$\frac{\partial (\rho \boldsymbol{v})}{\partial t} + \nabla \cdot (\rho \boldsymbol{v}\boldsymbol{v}) - \nabla \cdot (\mu \nabla \boldsymbol{v}) = -\nabla P - \rho \boldsymbol{g} \tag{10.2}$$

エネルギー保存則
$$\frac{\partial (\rho T)}{\partial t} + \nabla \cdot (\rho \boldsymbol{v} T) - \frac{1}{c_p}\nabla \cdot (\lambda \nabla T)$$
$$= \frac{1}{c_p}\frac{DP}{Dt} - \frac{1}{c_p}\sum_i h_i w_i - \frac{\rho}{c_p}\sum_i (c_{p,i} Y_i \boldsymbol{V}_i \cdot \nabla T) \tag{10.3}$$

成分の質量保存則
$$\frac{\partial (\rho Y_i)}{\partial t} + \nabla \cdot (\rho \boldsymbol{v} Y_i) - \nabla \cdot (\rho D_i \nabla Y_i) = w_i \tag{10.4}$$

理想混合気体の状態方程式
$$P = \rho RT \sum_i \frac{Y_i}{M_i} \tag{10.5}$$

ここで，t は時間，ベクトル解析における記号 $\nabla\cdot$ と ∇ は空間座標 $\boldsymbol{x}$ に関する微分係数で表される発散と勾配である．ρ は密度，$\boldsymbol{v}$ は速度ベクトル，P は圧力，T は温度，Y_i は種々の化学成分（化学種）i の質量分率である．また，μ は粘度，λ は熱伝導率，D_i は拡散係数，c_p は定圧比熱，h_i はエンタルピーである．さらに，$\boldsymbol{g}$ は重力加速度ベクトル，w_i は化学種 i の化学反応による質量生成速度，$\boldsymbol{V}_i$ は拡散速度ベクトルである．このように，平衡熱力学で導入された各種の状態量が支配方程式の従属変数となっており，これらの方程式が解かれれば時間 t と空間座標 $\boldsymbol{x}$ の関数として表されることになる．

特に，エネルギー保存則は，熱力学第 1 法則を連続体に適用したものであり，

10.3 燃焼工学

熱力学恒等式を用いると，エントロピー方程式が得られる．体積力による物質拡散がない場合には，

$$\rho \frac{Ds}{Dt} = \frac{-\nabla \cdot \boldsymbol{q} + \Phi}{T}, \quad \frac{\partial \rho s}{\partial t} + \boldsymbol{v} \cdot \nabla \rho s = \frac{-\nabla \cdot \boldsymbol{q} + \Phi}{T} \quad (10.6)$$

この式は，熱伝導 $\boldsymbol{q} = -\lambda \nabla T$ や粘性摩擦 Φ によるエネルギー散逸がエントロピーを増加させることを示している．これらの散逸がない理想流体では等エントロピー流れとなる．このように，非平衡過程（不可逆過程）ではエントロピー生成が生じる．

不可逆過程の熱力学によると，熱伝導や粘性摩擦によるエントロピー生成は次式で与えられることが知られている．

$$\Delta S_{\text{gen}} = \int_V \frac{(-\boldsymbol{q}/T) \cdot \text{grad}\, T + \Phi}{T} dV \quad (10.7)$$

本来，熱力学的状態量は平衡状態でのみ定義されていたが，このように局所平衡を仮定することにより定量的にエントロピー生成速度を求めることができる．ただし，非平衡状態の度合いが大きくなると局所平衡の仮定が成立しなくなる．

燃焼では化学反応により反応物が消費され生成物が生成され，同時に反応熱が生成される．保存方程式においてこれに対応する項が w_i と $\sum_i h_i w_i$ である．これらの項の大きさについては，9.3 節で示したように，反応動力学によって決定される．これらの項は保存方程式の生成項であり，これにより化学種濃度や温度に空間分布・時間変化が生じる．

燃焼工学分野におけるトピックスである乱流火炎の挙動を解明するために行われた燃料噴流拡散火炎の実験結果を図 10.1 の上図に示す．この図は光学系によって計測された燃焼場の瞬間シュリーレン写真である．左端中央の燃料噴射ノズルから噴出された燃料は周囲流中の酸素と物質拡散により混合し燃焼反応により火炎を形成する．燃焼場の温度・濃度の空間変化に応じで形成された密度分布が写真の細かな模様として写っており，噴流流れ場の不安定性に起因した変動の様子が捉えられている．このような乱流火炎の挙動を理論的に解明するためには，不可逆過程の熱力学の一分野である燃焼工学の支配方程式に基づいて検討しなければならない．

図 10.1 に示されたような複雑な燃焼場の解明には高性能のコンピュータによる数値シミュレーションを行わなければならない．図 10.1 の下図にその計算結

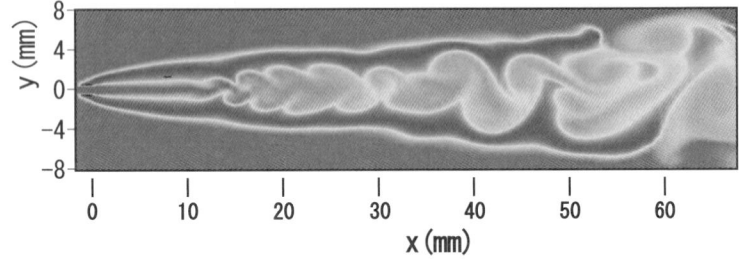

図 10.1　燃料噴流拡散火炎の実験と数値解析

果の一例を示す．この図は瞬間温度分布を示したものである．

問題 10

10.1　局所平衡の仮定により非平衡状態を取り扱えるようにした不可逆過程の熱力学について説明せよ．

10.2　燃焼工学における支配方程式について説明せよ．

索　引

あ　行

圧縮率　30
圧縮比　112
圧力　10
アボガドロ数　21
アボガドロの法則　21

位置エネルギー　36
一般気体定数　21

運動エネルギー　36

液相　154
液化　153
エクセルギー　129
SI 単位　17
エネルギー等分配の法則　41
エネルギー保存の原理　35
エンタルピー　54, 122
エントロピー　83
エントロピー生成　84
エントロピー増大の原理　97

オットーサイクル　111
オイラーの関係式　137
オストワルドの原理　75
温度　6

温度計　7
温度定点　8
温度目盛　7

か　行

化学的仕事　130
化学ポテンシャル　130
化学反応　169
化学平衡　175, 176
可逆断熱変化　83
可逆変化　77
過渡半流れ系　59
カルノーサイクル　73
乾き空気　25
乾き度　156
完全微分　12
緩和時間　53

気化曲線　154
気相　154
気体定数　22
気体分子運動論　40
基本単位　17
基本方程式　132
ギブズ–デュエムの式　137
ギブズの自由エネルギー　122
ギブズの公式　84, 120
ギブズの相律　165

逆カルノーサイクル　74
局所平衡　6, 98, 182

組立単位　17
クラウジウスの原理　75
クラウジウスの不等式　80
クラペイロン–クラウジウスの式
　　　161
グランドポテンシャル　147

系　5

工業仕事　56
国際単位系　17
固相　154
孤立系　97
混合気体　23
混合のエントロピー　166

さ　行
再生器　116
サイクル　71
作動流体　71
三重点　8, 154

質量作用の法則　178
仕事　37
仕事源　71
仕事率　73
湿度　27
質量濃度　24
質量分率　24
湿り空気　27
湿り蒸気　156
自由度　165
ジュール–トムソンの実験　55
ジュール–トムソン過程　56
ジュール–トムソン係数　57

ジュール–トムソン効果　57
ジュールの実験　36
ジュールの断熱自由膨張に関する実験
　　　61
準安定状態　7, 151
準静的過程（変化）　53
昇華曲線　154
蒸気圧曲線　154
蒸発　153
状態方程式　29
状態量（状態変数）　10
示強変数　10
示量変数　10
浸透圧　146

水蒸気　153
スターリングサイクル　116
ステファン–ボルツマンの法則　43

生成エンタルピー　170
成績係数　74
セルシウス温度　9
絶対温度　8
絶対湿度　27
潜熱　158
全圧　23
全微分　12

相　153
総括反応　169
相図　154
相対湿度　27
相転移（相変化）　153
粗視状態　48
外から加えられた仕事　37
外から加えられた熱　37
素反応　169

索　引

た　行
第 2 種の永久機関　75
体系（系）　5
体積　10
体積弾性率　30
体膨張率　30
単純系　10
断熱自由膨張　61, 99
断熱変化　63

定圧熱容量（定圧比熱）　62
定積熱容量（定積比熱）　62
ディーゼルサイクル　115

等エントロピー変化　83
等温変化　63
統計力学　2
閉じた系　54
トムソンの原理　75
ドルトンの法則　23

な　行
内部エネルギー　36

熱　37
熱圧力係数　30
熱機関　71
熱源　71
熱効率　72
熱素説　3
熱伝導　99
熱の仕事当量　19, 38
熱平衡（状態）　6
熱容量　62
熱力学温度　8, 96
熱力学関数　121
熱力学恒等式　84, 120, 130, 137

熱力学第 0 法則　6
熱力学第 1 法則　36, 37
熱力学第 2 法則　75
熱力学第 3 法則　106
熱力学的平衡　6
熱力学不等式　148
ネルンストの定理　106

は　行
反応進行度　172
反応動力学　169

ヒートポンプ　74
開いた系　55
ビリアル展開　29
比熱　43, 62
比熱比　44
比体積　22
標準状態　10
標準生成エンタルピー　170
標準大気圧　19

ファン・デル・ワールスの状態方程式　29
ファン・デル・ワールス気体　29
ファントホッフの定圧平衡式　179
不可逆過程（変化）　77
不可逆過程の熱力学　183
不完全微分　12
ブレイトンサイクル　116
分圧　23
分子運動論　2, 40

平均自由行程　47
平衡定数　175
平衡条件　142
ヘスの法則　171
ベルヌーイの定理　56

ヘルムホルツの自由エネルギー
　　121

ポアッソンの方程式　64
飽和液　156
飽和蒸気　153, 156
ポリトロープ指数　64
ポリトロープ変化　64
ポリトロープ比熱　65
ボルツマン定数　22
ボルツマンの原理　106

ま　行

マクスウェルの関係式　124
マクスウェルの速度分布関数　48
マクスウェルの分布関数（速さに対する）　48
摩擦　99

密度　22

モル質量　22
モル数　21
モル比熱　62
モル体積　22

モル濃度　22, 24
モル分率　24

や　行

融解曲線　154
有効仕事　128

ら　行

力学的平衡　142
量論係数　172
理想気体　21
理想気体温度計　7
理想気体の状態方程式　21
理想混合気体　23
粒子数　21
臨界圧力　154
臨界温度　154
臨界点　154

ル・シャトリエの原理　150
ルジャンドル変換　121

冷凍機　74
冷媒　118

著者略歴

山 下 博 史
やま　した　ひろ　し

1972年　名古屋大学工学部機械学科卒業
1977年　名古屋大学大学院工学研究科
　　　　博士課程満期退学
　　　　名古屋大学工学部助手
1978年　工学博士（名古屋大学）
1983年　名古屋大学助教授
1998年　名古屋大学大学院工学研究科
　　　　教授

主要著書

熱と流れのシミュレーション
　　　　　　　　（共著，1995，丸善）
燃焼の数値計算（共著，2001，日本機械学会）
数値流体力学ハンドブック
　　　　　　　　（分担，2002，丸善）

Ⓒ　山 下 博 史　　2014

2014年 3 月 25 日　初　版　発　行

機械工学エッセンス 4

熱　力　学

著　者　山　下　博　史
発行者　山　本　　格

発行所　株式会社　培　風　館
東京都千代田区九段南 4-3-12・郵便番号 102-8260
電　話(03)3262-5256(代表)・振　替 00140-7-44725

中央印刷・牧 製本
PRINTED IN JAPAN

ISBN978-4-563-06974-2　C3353